Osprey Aircraft of the Aces

Croatian Aces of World War 2

Dragan Savic
Boris Ciglic

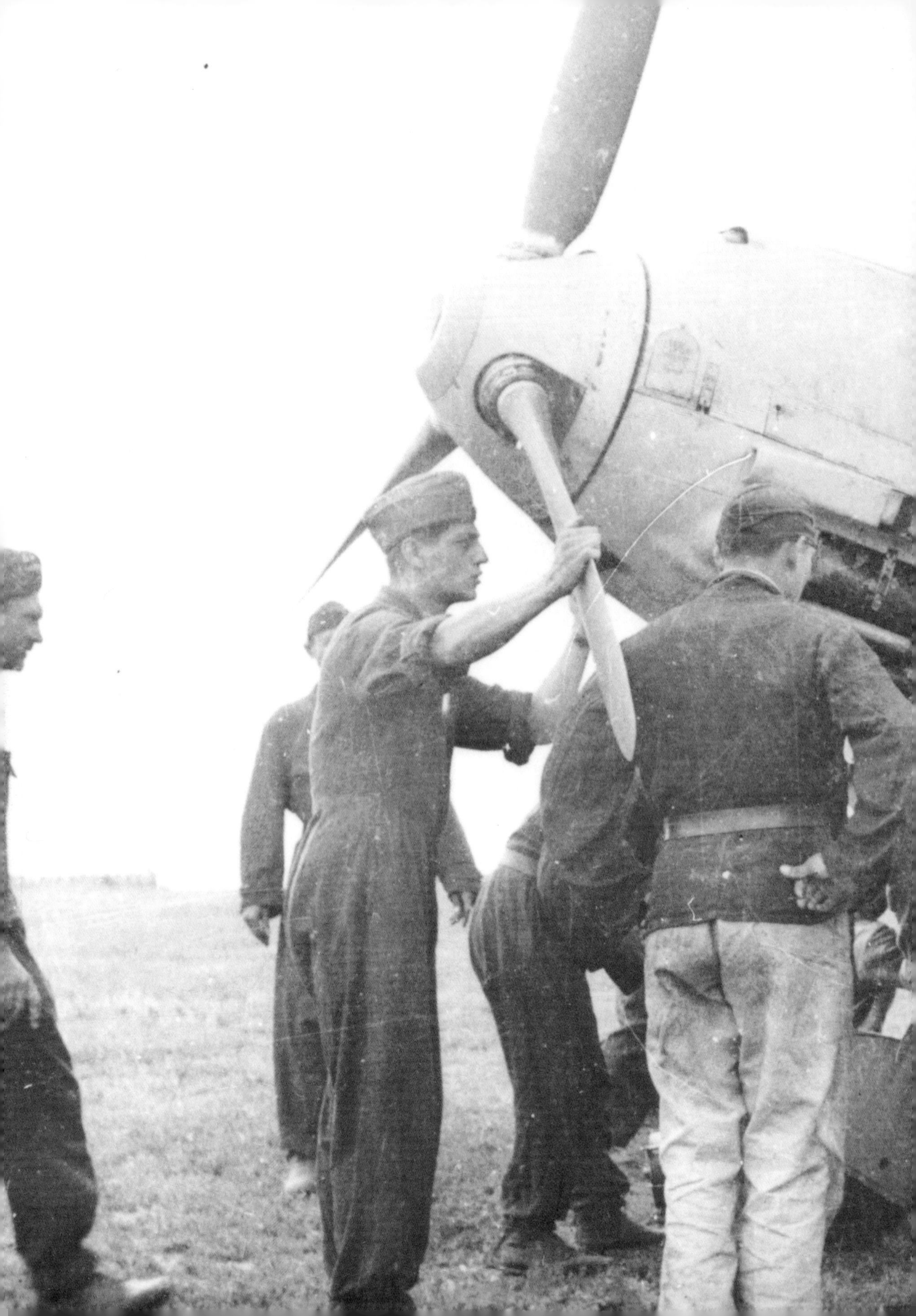

Osprey Aircraft of the Aces

オスプレイ軍用機シリーズ
44

クロアチア空軍の
メッサーシュミットBf109エース

[著者]
ドラガン・サヴィッチ×ボリス・チグリッチ
[訳者]
手島 尚

大日本絵画

カバー・イラスト/イアン・ワイリー
カラー塗装図/ジョン・ウィール
スケール図面/マーク・スタイリング

カバー・イラスト解説

1945年4月23日の正午頃、クロアチア独立国空軍(ZNDH)の第2戦闘機中隊(2.LJ)の指揮官、リュデヴィト・ベンツェティッチ大尉(乗機はBf109G-10「黒の22」)は列機のミハユロ・イェラク少尉(Bf109G-14「黒の27」)とともに、何事もなかったパトロール任務の後、ルッコ飛行場へ帰還の途についていた。その時、ザグレブの東方で、彼らは下方に英国空軍(RAF)第213飛行隊のマスタングⅣ 2機を発見した。大戦の終末期にクロアチアのパイロットたちは、連合軍機との交戦を回避するのが普通だったが、これは見逃すにはあまりにもったいない絶好のチャンスだった。彼は敵に気づかれずに接近し、ベンツェティッチは一方のマスタングの後方80mに迫って射撃した。射弾は敵機の冷却器と両翼に命中し、マスタングは火を吹き始めた。マスタングⅣA KH869に乗っていたF・J・バレット中尉は離脱しようと試みたが、さらに接近したベンツェティッチの第2撃に胴体を切り裂かれたため、トゥロポリェ地区に不時着した。中尉は味方の側のパルチザンに救出され、捕虜になるのは免れた。

一方、イェラクはマスタングの2番機を攻撃し、撃墜したと報告した。その時、別の2機のマスタングが攻撃をかけてきて、彼の機は大きな損傷を受けたので、ザグレブ=シサク鉄道に近いゴリッツァ附近に胴体着陸した。しかし、実際には、この空域には第213飛行隊の4機が進入していて、そのうちの2機だけがクロアチア機と交戦した。イェラクは彼が撃墜したと思っていた敵機、マスタングⅣA KH826に乗ったグレアム・ハルス大尉に撃墜されたのである。帰還したハルスはオクツァニ=ザグレブ地区でBf109 1機を撃墜したと正しく報告している。この戦闘は全体で10分間ほどであり、高度は2000mから樹木の梢の高さにわたった。これはベンツェティッチの16機めであり、同時に第二次大戦におけるクロアチア空軍パイロットの最後の確認撃墜戦果となった。

凡例

■ユーゴスラヴィア王国、クロアチア独立国およびユーゴスラヴィア軍の空軍に関する主な用語は本書7〜8頁に掲げた。
■ドイツ空軍(Luftwaffe)の部隊組織についての訳語は以下の通りである。
Luftflotte→航空艦隊
Fliegerkorps→航空軍団
Fliegerdivision→航空師団
Geschwader→航空団
Gruppe→飛行隊
Staffel→中隊

ドイツ空軍は航空団に機種または任務別の呼称をつけており、その邦語訳は以下の通りとした。必要に応じて略記を用いた。このほかの航空団、飛行隊についても適宜、邦語訳をあたえ、必要に応じて略記を用いた。また、ドイツ空軍では飛行隊番号にはローマ数字、中隊番号にはアラビア数字を用いており、本書もこれにならっている。

Lehrgeschwader (LGと略称)→教導航空団
Jagdgeschwader (JGと略称)→戦闘航空団
Kampfgeschwader (KGと略称)→爆撃航空団
Zerstörergeschwader (ZGと略称)→駆逐航空団
Schlachtgeschwader (SGと略称)→地上攻撃航空団

■英国空軍、米陸軍航空軍およびソ連空軍の主な組織の邦語訳は以下の通りとした。
英国空軍(RAF)
Command→軍団、Group→集団、Squadron→飛行隊。
米陸軍航空軍(USAAF)
Air Force→航空軍、Command→航空軍団、Group→航空群、Squadron→飛行隊。
ソ連空軍(VVS)
ІАР(Истребительный Авиа Полк)→戦闘機連隊

■翻訳にあたっては「Osprey Aircraft of the Aces 49 Croatian Aces of World War 2」の2002年に刊行された初版を底本とし、原書の刊行後に著者Boris Ciglic氏がインターネット上へ発表した正誤表を参考にいたしました。[編集部]

目次 contents

6		プロローグ prologue
9	1章	ある空軍の死 death of an air force
15	2章	東部戦線 the eastern front
45	3章	再び戦線配備 the second combat tour
54	4章	同じ任務、新しい隊員たち same tasks, new men
63	5章	戦火、再びユーゴスラヴィアに war returns to yugoslavia
80	6章	クロアチアのエースたち——栄誉殿堂 croatian aces — the hall of fame

94	付録 appendices
94	A：クロアチア独立国空軍（ZNDH）／クロアチア航空兵団（HZL） パイロットの第二次世界大戦中の空中戦果
95	B：階級の比較

33	カラー塗装図 colour plates
98	カラー塗装図解説

プロローグ
prologue

　1918年のユーゴスラヴィアの創設は"やむを得ない結婚"のようなものだと歴史家たちはいった。事実、セルビア人とクロアチア人の王国は誕生の時以来、不安定であることが多く、時には不穏な状態に陥った。

　ユーゴスラヴィアはヨーロッパの中で最も発達が遅れた国のひとつであり、東部は第一次大戦によって荒廃し、あまり友好的でない隣国に囲まれていた。そして、最も重大な弱点は解決されていないままの民族問題と、セルビア人とクロアチア人のエリート層の利害の対立だった。

　セルビア人とクロアチア人の間には明白な人種的な相違はないのだが、両者の間の対立がこの地域の歴史を支配していた。セルビア人は19世紀にトルコ帝国と戦って独立を獲得し、一方、クロアチア人は1918年までオーストリア＝ハンガリー二重君主国の中の自治領の地位にあった。セルビア人とクロアチア人の言語は実際上同じだったが、前者はシリック・アルファベットを使い、後者はラテン・アルファベットを使用していた。そして、セルビア人の大半は正教会を信奉し、クロアチア人は主にカトリックの信者だった。

　二度の世界大戦の戦間期にこれらの相違は不安定な経済状態と、スロヴェニアとクロアチアの一部を対象とした周辺諸国――特にイタリア――からの領土割譲要求によって、一層強く現れるようになった。1928年6月、クロアチア人の指導者、スティエパン・ラディッチが党派の幹部2人とともに議会の中でピストルで撃ち倒された。発砲したのはモンテネグロ人の議員だったが、イタリアの教唆を受けていたことが最近になって明らかになった。

　アレクサンダル国王は状況を安定させるために議会を廃止し、中央集権的で強圧的な独裁体制を敷いた。急進的なクロアチア人は国外に移り、その中のひとり、アンテ・パヴェリッチはイタリアとハンガリーの支援を受けて、クロアチアに独立国家を建てることを目指すテロリスト組織"ウスタシャ"を結成した。

　1934年、フランスを公式訪問していた国王がマルセイユで暗殺された。犯人はマケドニア民族主義者とウスタシャの殺し屋たちだったが、この暗殺の背後でムッソリーニが動いていることは明らかだった。1939年にはこの国をひとつにまとめる最後の――最終的には不成功に終わったのだが――試みとして、セルビア＝クロアチア協定によって、"バノヴィナ"と呼ばれる自治地域を創り、その体制下でのクロアチアは王室に任命されたバン（総督）によって統治されるものと計画されていた。

　ユーゴスラヴィアの外交方針はそれまでフランスとの友好関係が基本だった。しかし、国王死去の後、彼の従弟でありオクスフォードで教育を受けたパヴレ公が幼い皇太子を補佐する主席摂政に就任すると、ドイツ寄りの方針に転換していった。1930年代の初めにベルリンと結んだ貿易協定はユーゴス

ラヴィアが不況から脱出する助けとなった。
　ドイツの領土問題の野心に対する仏・英両国の宥和政策もユーゴを枢軸国陣営に近づけることになった。それでも、1939年9月に第二次世界大戦が勃発した時には、ユーゴは中立の立場を維持しようと努めた。しかし、イタリアのギリシャ侵攻が失敗して混乱が始まると、ヒットラーは欧州南部に英国が足掛かりをもつことを許すまいと決意を固め、ユーゴへの圧力が高まった。1941年3月25日、ユーゴスラヴィアは枢軸諸国との協定に調印した。
　その2日後、英国の特殊作戦本部(SOE)の支援を受けた将校のグループがクーデターを起こし、前国王の17歳の子息、ペータル皇太子を国王に即位させ、枢軸諸国との協定を破棄した。当然のことながら、ロンドンとワシントンはこの行動を喜び、ユーゴスラヴィアは魂を取りもどしたと、チャーチルが歓迎の言葉を述べた。しかし、この政情は近隣の強欲な諸国の目の前に置かれたご馳走の皿と同様だった。ヒットラーは素速く、いかにも彼らしい残忍な行動を取った。

■用語集

VVKJ	Vazduhoplovstvo Vojske Kraljevine Jugoslavije	
	ユーゴスラヴィア王国空軍	
PV	Pomorsko Vazduhoplovstvo	
	海軍航空隊	
VP	Vazduhoplovni Puk	
	航空連隊	
BE	Bombarderska Eskadrila	
	爆撃機中隊	
BG	Bombarderska Grupa	
	爆撃機大隊	
BP	Bombarderska Puk	
	爆撃機連隊	
LB	Lovacka Brigada	
	戦闘機旅団	
LE	Lovacka Eskadrila	
	戦闘機中隊	
LG	Lovacka Grupa	
	戦闘機大隊	
LP	Lovacka Puk	
	戦闘機連隊	
PS	Pilotska Skola	
	パイロット学校	
NDH	Nezavisna Draava Hrvatska	
	クロアチア独立国	
ZNDH	Zrakoplovstvo Nezavisne Drzave Hrvatske	
	クロアチア独立国空軍	
HZL	Hrvatska Zrakoplovna Legija	
	クロアチア航空兵団	
HZS	Hrvatska Zrakoplovna Skupina	
	クロアチア空軍飛行隊	
HZIS	Hrvatska Zrakoplovna Izobrazbena Skupina	
	クロアチア空軍訓練学校	
DJP	Docastnicko Popunidbeno Jato	
	下士官訓練飛行中隊	
LJ	Lovacko Jato	

	戦闘機中隊
LS	Lovacka Skupina
	戦闘機飛行隊
ZJ	Zrakoplovno Jato
	空軍飛行中隊
ZLJ	Zrakoplovno Lovacko Jato
	空軍戦闘機中隊
ZLS	Zrakoplovno Lovacka Skupina
	空軍戦闘機飛行隊
NOP	Narodnooslobodilacki Pokret
	人民解放運動
NOVJ	Narodnooslobodilacki Vojska Jugoslavije
	ユーゴスラヴィア人民解放軍
JA	Jugoslovensko Armija
	ユーゴスラヴィア軍
LD	Lovacka Divizija
	戦闘機師団

■ユーゴスラヴィア王国空軍戦闘序列　1941年4月6日*

配置　　　　　　　　　　　　　保有機

第1戦闘機旅団：
　　ベオグラード　　　　　　　メッサーシュミットBf109E-3a　1機
第2戦闘機連隊：
　　クラグイェヴァッチ　　　　ハリケーンI　15機
　　およびクラリェヴォ　　　　メッサーシュミットBf109E-3a　19機
第6戦闘機連隊：
　　ゼムンおよびクルシェドウ　ロゴザルスキIK-3　6機
　　　　　　　　　　　　　　　メッサーシュミットBf109E-3a　32機
　　　　　　　　　　　　　　　ポテーズPo63　2機

第2混成航空旅団：
　　ノヴァ・トポラ
第4戦闘機連隊：
　　ボサンスキ・　　　　　　　イカルスIK-2　8機
　　アレクサンド　　　　　　　ハリケーンI　20機
　　ロヴァッツ
第8爆撃機連隊：
　　ロヴィネ　　　　　　　　　ブレニムI　24機

第3混成航空旅団：
　　ストゥボル
第3爆撃機連隊：
　　ペトロヴァッツおよび　　　ドルニエDo17K　60機
　　ストゥボル
第5戦闘機連隊：
　　レザノヴァチカ・コサおよび　ホーカー・フューリーII　25機
　　コサンチッチ　　　　　　　アヴィアBH-33E　1機

第4航空爆撃機旅団：
　　リュビッチ
第1爆撃機連隊：
　　ビイェリィナおよび　　　　ブレニムI　24機
　　ダヴィドヴァッツ

第7爆撃機連隊:
  プレリュイナおよびサヴォイア=マルケッティSM.79　26機
  ゴロビイェ

VVKJ参謀本部直轄部隊
第11独立航空大隊(長距離偵察任務):
  ヴェリキ・ラディンツィ　　　　　ブレニムⅠ　9機
  ホーカー・ハインドⅠ　2機
第81独立航空爆撃機大隊:
  オルティイェシュ　　サヴォイア=マルケッティSM.79　14機

補助航空部隊
第Ⅲパイロット学校:
  モスタル　　　　　　アヴィアBN-33E　2機**
  メッサーシュミットBf109E-3a　2機
  ハリケーンⅠ　3機
爆撃機学校:
  クラリェヴォ　　　　　メッサーシュミットBf110C-4　1機
  LVT-1　1機***
第603訓練中隊　　　　　ロゴザルスキR313　1機

著者のノート
*VVKJは1941年4月6日～17日の間に追加の機材、ハリケーンⅠ8機、Do17K 6機、ブレニムⅠ4機、IK-2 2機、Bf109E-3a 1機、IK-3 1機を受領した。この表の外に、陸軍と海軍の多種類の部隊がさまざまな型の旧式機、約530機と水上機約75機を保有していた。
**アヴィアBH-33Eは5機あったが、3機は武装なし、2機は機銃1挺のみを装備していた。
***ハリケーンⅠにダイムラー=ベンツDB601エンジンを装備した機である。

chapter 1
ある空軍の死
death of an air force

 ユーゴスラヴィア王国空軍(VVKJ)はヨーロッパでの戦争が不可避であると判断し、1930年代の末に野心的な近代化プログラムに取りかかった。その内容としては近代的な航空機の購入・製造と、乗員の訓練プログラムの拡大が計画された。しかし、この時期の状況の下でこの計画は現実的でなく、VVKJが戦争に直面した時には近代的な戦闘機102機、爆撃機151機、偵察機9機を保有しているだけであり(プロローグの章の戦列序列を参照)、これだけの兵力によってドイツ空軍、イタリア空軍、ハンガリー空軍の戦闘

機797機、爆撃機965機、偵察機339機の大兵力と戦うことになった。
　ユーゴスラヴィア空軍の乗員は近代的な航空戦闘の経験をもたず、編隊飛行や「盲目飛行」の技量と戦術的知識が乏しかったが、高い士気を維持していた。
　1941年3月、VVKJは秘密裡に戦時体制に入り、ドイツ軍の侵入に備えて保有機の大半を50カ所ほどの補助飛行場に分散配置した。この動員配置は大方うまく進められたが、実際の作戦行動が始まると問題が発生し、特に戦闘機部隊でそれが強く現れた。空軍司令部が適切な支援機構を造り上げてなかったため、航空部隊が最も必要とされている時——航空戦で——に、分散配置されている部隊を集結させることができなかった。その上に困った事件が起きた。4月3日にヴラディミル・クレーン上級大尉（後にクロアチア「独立国」空軍——ZNDH——の司令官になった）がポテーズPo25に乗り、VVKJの貴重な情報資料をもってオーストリアに亡命したのである。
　1941年4月6日の夜明け頃、ドイツ軍はユーゴスラヴィア侵攻を開始した。ブルガリア内の基地から発進した第VIII航空軍団の部隊が最初の航空攻撃に出撃し、南部のセルビアとマケドニアの目標を攻撃した。この第一撃のすぐ後に、オーストリア、ハンガリー、ルーマニアの基地に展開していた第4航空艦隊の部隊の攻撃が続いた。彼らの目標はベオグラードと、その周辺の飛行場である。最後は第X航空軍団と、イタリア空軍の第2アルバニア地区航空コマンドと第4航空軍の部隊であり、ポドゴリッツァ、モスタル、サライェヴォを含むアドリア海沿岸の目標を攻撃した。
　攻撃主力の地上部隊は2つの方向から進撃してきた。ユーゴ南部ではドイツ陸軍第12軍の一部が侵入した。3つの方向に分かれ、防衛部隊を圧倒してスコピエ、ストゥルミッツァ、ビトリュまで急速に進撃し、4月10日までにはマケドニアの大半を占領した。第12軍の残りの2個軍団はベオグラードを目指して北へ進撃し、9日にはニーシュを攻略した。北部では第2軍の2個

フラーニョ・ジャールがドヴォワチヌD.1 C1戦闘機、「13号機」のコクピットに入り、滑走路に向かう準備を完了している。1930年代初期の撮影。彼は大戦前のユーゴスラヴィア王国空軍（VVKJ）で最も広く知られたパイロットのひとりであり、大戦中は東部戦線で戦ったクロアチア航空兵団（HZL）の指揮官となった。（A Ognjevic）

ゼムン飛行場で集合写真撮影のためにホーカー（ユーゴスラヴ）・ハインドI軽爆の前に集まった第6戦闘機連隊(6.LP)と第IIIパイロット学校(IIIPS)のパイロットたち。1930年代末の撮影。画面中央の長い革コートを着た人物はロシアのパイロット、ヴラディーミル・ティホミロフ少佐。彼の左側はフラーニョ・ジャール少佐。大戦勃発の時、ジャールは第5戦闘機連隊(5.LP)の指揮官だった。1941年4月6日の早朝、ドイツ空軍の40機ほどのBf109とBf110がルジアノヴァチカ・コサ飛行場を攻撃してきた時、彼は離陸を避け、旧式な複葉機に乗った第6戦闘機大隊(6.LG)のパイロットたちが次々と撃墜されるのを、地上で見ていた。高性能の敵機との勝負にならない戦いでフューリー戦闘機10機──5機は離陸の途中だった──が撃墜され、VVKJのパイロット8名が戦死した。そして、フューリー2機、ユングマン練習機とRWD13連絡機各1機が地上で破壊された。それに対してユーゴのパイロットたちはBf109 3機とBf110 1機を撃墜し、第2教導航空団第I（戦闘）飛行隊（I.(J)/LG2)、第2教導航空団第II（地上攻撃）飛行隊（II.(Sch)/LG2)、第26駆逐航空団第II飛行隊（II./ZG26)の数機に損傷をあたえた。(A Ognjevic)

軍団がオーストリアとハンガリーから侵入してきた。彼らは10日にはスロヴェニアを攻略し、ザグレブを占領し、サライェヴォに向かって進撃を続けて、5日後にはそこを陥落させた。第2軍の別の1個軍団はハンガリーから侵入し、ベオグラードに向かって進撃し、13日にこの都市を攻略した。イタリア軍とハンガリー軍もこれらの作戦に参加したが、補助的な役割を果たしただけである。

ユーゴ軍は勇敢に戦ったが、彼らより兵力と物量で優位に立つ敵との苦しい戦いだった。そして不十分な協同行動、一部の上級指揮官の決断力（イニシャティヴ）の欠如、時には裏切りによって敗北が急速に進行した。政府の上層部が早期に国外へ脱出した後、ユーゴスラヴィア陸軍は4月17日に降伏した。

一般的に見て、VVKJとPV（海軍航空隊）はよく戦ったが、大きな損害を受けた──乗員の戦死者は142名（そのうち、クロアチア人は12名）にのぼった。VVKJは約50機の戦闘機を喪い、パイロット22名が戦死した。その見返りに彼らは50機以上の敵機を撃墜したと報告した。実際の敵の損失は35機程度だったのだが。

生き残ったクロアチア人のパイロットたちの多くは、ドイツ軍の占領についてそれほど暗い見方はもたなかった。実際に、ウスタシャ支持者の一部は公然と親ドイツの態度を表明し、戦闘を拒否し、自国と同僚の乗員を裏切った。例をあげると、第3爆撃機連隊(3.BP)の指揮官は自隊のDo17を補助飛行場に移動させる命令を拒否し、スコピエに近い無防備のペトロヴァッツ飛行場に置いたままにした。

4月6日、ドイツ側はすぐにそれを発見し、夜明けとともにJu87 4機とBf109 17機によって攻撃をかけた。その結果、この飛行場に置かれていた第63爆撃機連隊(63.BP)のDo17 30機のうち、16機が破壊され10機が損傷を受けた。残った4機のドルニエはウロシェヴァッツ飛行場に移動したが、そのうちの1機は離陸時に失速に陥って墜落し、パイロット、ラドミル・ネデリフュコヴィッチ見習士官と乗組員（コラリッチ軍曹、アレクサンダル・チューチッチ軍曹とイリッチ伍長）が負傷した。午後の第2波の空襲によって残った全機が破壊された。

ある報告によれば第205爆撃機中隊、(205.BE。63.BG/3.BP所属) 指揮

第205爆撃機中隊(205.BE)のドルニエDo17K。1940年夏。ペトロヴァッツ飛行場で撮影。Do17Kは合計36機がドイツから輸入され、それとは別に36機がクラリェヴォのDFA社でライセンス生産されて、いずれもVVKJの装備機となった。東部戦線で戦ったクロアチア人の戦闘機パイロットの一部は大戦前にDo17を操縦していた。(P Bosnic)

大戦勃発の時点で、Bf109E-3はVVKJの装備の中で最も強力な戦闘機だったが、この型での飛行量が50時間ほどのパイロットでも「経験が高い」と分類されるありさまだった。平均飛行量が25時間前後だったからである。この写真に写っているのはIII PSの「L-2」、「L-83」、「L-13」である。1940年8月9日にニーシュ飛行場で撮影された。ちょうどその翌日、このパイロット学校の指揮官ヴラディーミル・ティホミロフ少佐が「L-83」を破損させた。脚を出すのを忘れたまま着陸したためである。(M Micevski)

官、マト・チュリノヴィッチ少佐は部隊をギリシャに脱出させよとの命令を無視し、部下の任務を解除して全員を復員させた。その数日後、スコピエでドイツ軍将校と親しげに話している彼の姿が目撃されている。

ゼムンでは第1戦闘機旅団(1.LB)の指揮官、ドラグティン・ルブチッチ大佐が第51戦闘機大隊(51.LG)指揮官、アドゥム・ロメオ少佐を罷免した。理由は「命令拒否と明白な怯懦」である。

これらの例とは違って、積極的に戦うクロアチア人もあった。第104戦闘機中隊(104.LE。32.LG/6.LP所属)のトミスラヴ・カウズラリッチ准尉は4月6日、ドイツの爆撃機の第一波がベオグラードを爆撃した時、クルシェドウ補助飛行場で彼の乗機、Bf109E-3aのコクピットで待機していた。実際に、彼と彼の小隊編隊の長機、セルビア人のダニロ・「ダッツァ」・ジョルチェヴィッチ少佐の機は0730時(午前7時30分、以下、時刻の表記は同じ)にクルシェドウ飛行場を最後に離陸した。

「我々は単機で飛んでいるBf110を発見した。ダッツァは後上方300mの距離で射撃し始めた。彼の射弾は外れ、彼は目標の前方に飛び出し、敵の機銃手は応射し始めた。彼は前方からの攻撃に移るために旋回に入ったが、敵の射撃を見て、機首を強く下げて回避した。その時、私は敵機に後下方から接近し、胴体下面に機関砲弾を撃ち込んだ。Bf110は爆発し[著者のノート――これはこの地区で喪われた第26駆逐航空団第2中隊(2./ZG26)の2機のうちの1機であり、この機のパイロット、ラインホルト・アイマー少尉とヴィリ・メッスナー軍曹と機銃手は戦死した]、私はその破片と火焔の中を飛び抜けた。左に機を傾けると、この機が我々の飛行場の近くに墜落するのが見えた。

「ベオグラードの方向に機首を向けると、ハインケルの編隊が見えた(実際にはKG51、第51爆撃航空団のJu88だった)。私は側面から攻撃をかけた。編隊の機全部が機銃を発射し、曳光弾の線が私の機に向かって飛んでくるのが見えた。編隊

から遅れている1機を狙って射撃したが、その機は雲の中に逃げ込んだ。命中弾はあったと思う。後になって、バッカに1機が墜落したとの話を聞いたが、その撃墜は確認をあたえられずに終わった」

これは4月の短い戦いの間のカウズラリッチの唯一の出撃だったと思われる。彼は「志願者は多すぎて、飛行機は少なすぎた」と語っているからである。その翌日、6日の朝、カウズラリッチが戦果をあげた時に乗っていた機で飛んだ別のパイロットが戦死した。

彼とおなじく104.LEのボジダル・エルツィゴイ大尉とズヴォニミル・ハランベック准尉は4月6日、カウズラリッチの数分前に離陸した。彼らはすぐに「30機ほどのDo17」(実際にはBf110だった)の編隊に対する攻撃を始め、ハランベックは1機撃墜を報告した——おそらく2./ZG26の損失の2機目だろう。彼はその機が火を噴いて墜落してゆくのを視認したが、別のBf110が彼のエーミール(BF109E型のこと)に損傷をあたえ、彼はクルシェドウの附近に胴体着陸した。

その翌日、1420時(ある資料には4月6日と書かれている)、ハランベックとスロヴェニア人のヴェロコ・スタウツェル准尉は高高度を飛ぶ1機の偵察機を追跡した。彼らはこの機を雲の中で見失ったが、ベオグラード爆撃から基地に向かうKG51のJu88の編隊に遭遇した。ハランベックはその中の1機を攻撃し、この機の機銃手が捕虜になって語ったところでは、彼の銃弾によってパイロットと航法士が戦死した。このユンカースは別の4機のユーゴの戦闘機に攻撃され、カッチの村の近くに墜落した。クルシェドウ飛行場の地上要員たちは墜落現場に駆けつけ、まだ使える状態の7.9mm機銃弾を回収した。この弾薬は彼らの部隊の機の出撃準備を整えるために絶望的になるほど必要なものだった。

4月8日の朝、ハランベックは6回目の任務で飛んだ。この時は残った戦闘機の1機をクルシェドウからラディンツィ飛行場へ移動させる任務だった。彼はユーゴスラヴィア降伏の後、カプロニCa.310に乗ってギリシャに脱出した。ハランベックは英国空軍に参加し、第352(ユーゴスラヴ)飛行隊に所属してリビアで戦い、1944年7月1日、彼が乗ったスピットファイアMk.V(JG920)が事故によって墜落し、戦死した。

1941年4月の緊迫した時期にズラッコ・スティプティッチ上級大尉も積極的に戦った。彼は第Ⅲパイロット学校(ⅢPS)に所属し、モスタル飛行場で勤務していた。4月6日の彼の二度目の出撃の際、1130時にモスタルを爆撃中の第47爆撃航空団のカントZ.1007の10機編隊を攻撃して、1機に損傷をあたえた。その後、彼はペリエサク半島の近くのエーゲ海の海上でJu88 1機を撃墜したと報告している。彼が襲った機は第1教導航空団第8中隊(8./LG1)のJu88A-5(製造番号2269)であると思われるが、この機は「エンジントラブル」のためにイタリアのグロ

ホーカー(ユーゴスラヴ)・フューリーⅡの前でポーズを取るヴィリム・アツィンゲル中尉。1940年8月。彼は第104戦闘機連隊(104.LE)の隊員であり、1941年4月の対ドイツ短期戦で3回出撃したが、戦果はなかった。彼はドイツ人の血筋であり、後にクロアチア独立国空軍(ZNDH)とHZLに参加した。ある資料によれば彼の戦果は9機とされ、16機としている資料もある。しかし、1942年春に病気のため帰国するまでに、彼が実際に報告したのは撃墜1機だけである。彼は1945年にスロヴェニアで捕虜になり、ユーゴスラヴィア軍(JA)の部隊によって処刑された。(M Micevski)

ⅢPSの教官、ズラッコ・スティプティッチ大尉(左端)とミラン・デリッチ曹長(中央)。1940年にニーシュ飛行場で地上要員2名とともに撮影された。スティプティッチはエーミール(Bf109E型)での飛行250時間を重ね、VVKJ内でこの型の経験が最高の部類のひとりだった。デリッチはクロアチア語セルビア人であり、1942年7月9日にブリストル・ブレニムを操縦し、他の乗組員とともにZNDHから脱走してトルコに逃れた。その後、彼は英国空軍(RAF)の第352(ユーゴスラヴ)飛行隊に参加し、スピットファイアMk Vによって248回出撃した。(M Hrelja)

ツタグリ飛行場に胴体着陸し、エルヴィーン・ブルックナー少尉と乗員2名が負傷して、機体は廃棄処分された。

コソルにもどる途中でスティプティッチは1機のBf110に攻撃されて、軽度の損害を被った。それにもかかわらず、攻撃をかけた第26駆逐航空団第Ⅲ飛行隊（Ⅲ./ZG26）のリヒャルト・ヘラー曹長はこのクロアチア人が乗っていた機を彼の5機目の撃墜戦果と報告した。後に少尉に昇進した彼の最終撃墜数は22機とされている。

ⅢPSでスティプティッチの教育を受けた学生のひとり、イヴァン・ルブチッチは、4月8日にハリケーンに乗って出撃し、ネレトヴァ河河口上空でZ.1007 1機を撃墜した。

4月10日にクロアチア独立国の建国が宣言された後、ツヴィタン・ガリッチ曹長——戦前のウスタシャのメンバーであり、後に東部戦線で名をあげた男——がビュッカー・ユングマンを操縦して飛来し、クロアチア人が蜂起して占拠した地区の飛行場に着陸した。胴体には臨時のクロアチアのマークを描き、以前にⅢPSの教員だったガリッチはこの小型の複葉練習機に乗って、何回か偵察飛行を行なった。

ユーゴスラヴィアの抵抗が最終的に崩れると、クロアチア人のパイロットたちはいくつかの異なった途に進んだ。捕虜になるのを逃れて家族の許へ帰った者もあった。ソ連や中東に脱出し、連合軍側に立って戦い続ける者もあり、かなり多くの者は収容所に集められて、その後の4年間を捕虜としてすごすことになった。しかし、最も多かったのは新たに編成されたクロアチア航空部隊に参加した者たちである。誰もが見通しの立たない将来を前にしていたのだが。

ユーゴが大戦に巻き込まれた時、VVKJはハリケーンⅠを38機保有していた。一部はホーカー社で製造された輸入機であり、それ以外はライセンスを受けてズマユ工場で生産された。ハリケーンのパイロットたちは少なくとも確実撃墜6機、撃墜不確実4機の戦果をあげ、その過程で戦死6名、負傷4名の人的損害を被った。この写真は1940年4月27日、ゼムン飛行場に整列してペーテル国王の査閲を待っている場面である。(S Ostric)

Bf109E-3a「L-65」の前で語り合うツヴィタン・ガリッチ軍曹とミーホ・クラヴォラ大尉。1940年9月、演習の時にヴェリキ・ラディンツィ飛行場で撮影。スロヴェニア人であるクラヴォラは第103戦闘機中隊(103.LE)の副指揮官であり、1941年4月7日、ドイツ空軍のBf109の編隊（JG77の部隊と思われる）との空戦で戦死した。地上で戦闘を見ていた者たち——トミスラヴ・カウズラリッチもそのひとりだった——によれば、彼はクルシェドウ修道院の近くに墜落して戦死する前に、Bf109 2機を撃墜した。(M Micevski)

chapter 2
東部戦線
the eastern front

　1941年4月10日、第14戦車師団の部隊がクロアチアの首都、ザグレブに入城した時、将兵は征服者としての扱いを受けると予想していた。ところが、彼らはセルビア人による抑圧からの解放者として歓迎を受けたのである。
　ユーゴスラヴィア侵攻はヒトラーの当面の行動計画に含まれていなかったので、彼は占領後のこの国をどのように処理するのか考えをもっていなかった。彼はバルカン諸国が彼にどのように対応するかも予想していなかった。結局、総統が決めた処理は、ユーゴを分割して、領土拡大の権利を主張する周辺諸国にできる限り配分することだった。その結果、スロヴェニアはドイツとイタリアとハンガリーに切り分けられた。すでにイストリア半島を取得していたイタリアはダルマティアの大きな部分をもぎり取り、モンテネグロ保護領を新たに設けた。クロアチアの一部はハンガリーの手に移り、一方、ブルガリアはマケドニアを取得し、セルビアの一部を併合した。すでにイタリアの保護領になっていたアルバニアはコソヴォを吸収した。セルビア人の大半と、クロアチアとボスニア゠ヘルツェゴヴィナの一部はドイツの保護領になったが、クロアチアのそれ以外の部分——以前のバノヴィナの大半、ボスニア゠ヘルツェゴヴィナの残された部分、スレム、合計の人口630万人——はアンテ・パヴェリッチとファシスト団体ウスタシャにあたえられた。
　ドイツ軍がザグレブに入城した日にクロアチア独立国（NDH）が誕生した。4月19日、クロアチア軍の創設が発表された。7日後、スラヴコ・クヴァテルニクが「クロアチア国の全部の軍事力の指揮権」をあたえられ、新たに大佐に昇進したヴラディミル・クレーンは「彼の特別の勲功と長年のウスタシャ運動での活動」が認められ、航空部隊全部の司令官に任じられた。
　6月27日、パヴェリッチの命令により、ヒトラーに対して新しい国家の感謝を表すために、クロアチア兵団が創設された。この兵団の編成が命じられたのはドイツ国防軍のソ連侵攻作戦開始（6月22日）の数日後であり、ドイツ軍とともに東部戦線で戦うことを目的としていた。兵団は歩兵、海上、航空の部隊で構成され、その航空部隊、クロアチア航空兵団（HZL）は、7月12日に創設された。兵団の実戦部隊は第4

ジャール少佐（左側）があるドイツ軍将校と話している。1941年10月、ポルタヴァで撮影。クロアチア空軍の飛行中隊が東部戦線に到着した直後の時期である。背後のBf109Eには「U」の文字（「ウスタシャ」の頭文字）と「翼つきのクロアチアの盾」——1942年1月に15（クロアチア）./JG52の公式の紋章とされた——が白で描かれている。その後、このマークは同中隊の機の多くに描かれた。（HPM）

混成航空連隊(4.MZP)という呼称になり、指揮官にはイヴァン・ムラク中佐が任命された。指揮下には第5爆撃機飛行隊(5.BS。隊員154名)とフラーニョ・ジャール少佐指揮の第4空軍戦闘機飛行隊(4.ZLS。隊員202名)が置かれた。

　注目すべきであるのは、この兵団がドイツ空軍の部隊であることである。将兵は総統に対する忠誠を宣誓せねばならず、兵団はドイツ航空省(RLM)の管轄下に置かれた。そして、隊員はドイツの軍事法規に従わねばならず、ドイツ空軍のユニフォームを着用し、部隊にはドイツ空軍の航空機と整備・作業機器が配備された。

　爆撃機乗員は7月19日にグライスヴァルト第3大型爆撃機学校に送られ、戦闘機パイロットはニュルンベルクに近いフュルトの第4戦闘機学校に送られ、2カ月をわずかに越える訓練を受けた。戦闘機訓練はビュッカーBu133、アラドAr96、メッサーシュミットBf109によって行なわれた。

　訓練中には事故もあった。その中で最も重大だったのは、8月12日のBf109D-1 製造番号2605とBf109B-1 製造番号390の空中接触である。サフェット・ボスキッチ准尉とイヴァン・ルブチッチ中尉は脱出・降下したが、ルブチッチは安全ベルトの締め方が不十分だったために身体が縛帯から外れ、墜死した。その10日後、アシュカム・ヴィド・トルピミル大尉のBf109D 製造番号2539がケッティングスヴォルトで不時着し、機体が大破した。大尉は重傷を負ってクロアチアに送り返された。

　パイロット21名が訓練を修了し、彼らによって、第10、第11空軍戦闘機中隊(10.ZLJと11.ZLJ)が編成された。両中隊の指揮官はヴラディミル・フェレンツィナ中尉とズラッコ・スティプティッチ中尉である。

　4.ZLSの前線への出発は配備機不足のために延期されたが、遅れを短くするために、10.ZLJと11.ZLJの双方から選抜されたパイロットによってひとつのグループが編成され、部隊より先に出発した。計画されていた装備はBf109E 24機とBf108 1機だったが、9月28日にフュルトからウクライナに向かって出発したのはパイロット10名(フラーニョ・ジャール少佐、マト・チュリノヴィッチ少佐、ズラッコ・スティプティッチ大尉、ヴラディミル・フェレンツィナ大尉、リュデヴィト・ベンツェティッチ中尉、アウビン・スタルツィ中尉、イヴ

きちんと部隊マークをカウリングに描いた15(クロアチア)./JG52のBf108B-2「BD+JG」。「貸し馬車」と呼ばれたこの種の連絡機は部隊で毎日、さまざまな用途に使われた。(HPM)

アン・カルネル中尉、サフェット・ボスキッチ准尉、ツヴィタン・ガリッチ曹長、トミスラヴ・カウズラリッチ曹長）と連絡将校（エヴァルト・バウムガルテン少尉）、機材はBf109E 10機とBf109F 1機であった。

移動は6区間——フュルト～プラハ／クベリー～クラクフ～ルヴウッフ（レンベルク。現ウクライナ領・リヴォフ）～ヴィニカ～キロフグラド～ポルタヴァ——にわたり、9日間を要した。最初の区間の途中、ミロヴィッツェとビスコビッツェの附近で1機ずつが不時着し、カルネル中尉が死亡、チュリノヴィッチ少佐が負傷して、目的地に到着したのは9機だった。そして、10月1日のルヴウッフ着陸の際に1機が損傷した。

後に残った11名のパイロット（アルカディイェ・ポポヴ大尉、ベリスラヴ・スペク大尉、ヨシプ・ヘレブラント大尉、イヴァン・イェルゴヴィッチ中尉、ニコラ・ヴツィナ中尉、ヴィリム・アツィンゲル中尉、スティエパン・マルティナシェヴィッチ准尉、マルティン・コルベリク曹長、ユーレ・ラスタ軍曹、ヴェーツァ・ミコヴィッチ軍曹、スティエパン・ラディッチ軍曹）はフュルトに近いヘルツォゲン・アウラ飛行場で11月1日まで訓練を続けた。それから、彼らは列車でソ連国境までゆき、その後は自動車で移動して1941年12月16日にマリウポリに到着した。

戦闘開始
Combat at Last

ハリコフの南西150kmのポルタヴァで、第10空軍戦闘機中隊（10.ZLJ）はただちにフベルトゥス・フォン=ボニン少佐の第52戦闘航空団第Ⅲ飛行隊（Ⅲ./JG52）に配属され、15（クロアチア）./JG52という中隊番号（シュタッフェル）をつけられた。

戦線のこの地区では、ドイツ軍とルーマニア軍の部隊がロストフ=ナ=ドヌー、クリミア半島、その東端のケルチ半島を目指して進撃していた。

この中隊（シュタッフェル）の初の戦闘出撃は10月9日だった。この出撃でバウムガルテン少尉がハルコフR-10偵察爆撃機1機を撃墜したが、彼の戦果は第15中隊の実績には加えられなかった。10月20日にⅢ./JG52はクリミア半島に移動したが、クロアチア中隊は10月27日までポルタヴァに留まっていた。中隊は11月12日にタガンログへ到着し、12月1日にはマリウポリに移動した。

これらの基地間の移動が始まる前に、クロアチア中隊は何回も戦闘を重ねた。アウビン・スタルツィが次のように回想を語っている。

「私はスティプティッチが率いるシュヴァルム（4機編隊）で飛んでいた。任務は双発爆撃機の護衛だった。その日は靄（もや）が拡がり雲が多く、見通しが悪かった。我々はドイツの爆撃機を見失ったが、突然にどこからともなく爆撃機1機が我々の正面に現れ、我々の方にまっすぐに向かってきた。スティプティッチはただちに射撃し、横へ回避した。我々は彼の後に続き、エンジンから煙を曳いていた爆撃機は雲の中に降下して姿を消した。スティプティッチは無線電話で戦果を報告し、帰還した時には基地の上空で主翼を左右に振った。

「我々が着陸した時、誰もが興奮していた。我々の"最初の戦果"の話が拡がっていったためである。それから間もなくシュトルヒ連絡機が着陸して、第Ⅷ航空軍団司令官フォン=リヒトホーフェン上級大将が降りてきた。彼は整列した我々の前に立って、先ほど凄い射撃の腕前を発揮したのは誰か

厳しい冬の寒さの中で、Bf109の7.92mm機銃の給弾ベルト補充作業に当たる地上要員。実際には、1941～42年の冬は20世紀のソ連で最も気温の低い年のひとつであり、枢軸国の部隊はこれほどの酷い寒さに対してまったく準備不足だった。（HPM）

と質問した。スティプティッチが誇らし気に一歩前に出ると、途端に激しい怒声を浴びせられた！　我々が"ロシア"の爆撃機だと思っていた双発機は、我々が護衛していたはずの味方の爆撃機だったのである。スティプティッチにとって幸いなことに、死傷者はなく、その機の損傷は軽微だった。この事件のために、リヒトホーフェンの命令によって彼は6カ月間飛行停止の処分を受けた」

クロアチア中隊のパイロットの最初の「本物」の戦果があがったのは11月2日である。フェレンツィナ大尉とバウムガルテン少尉がロストフ附近でポリカルポフI-16ラタを各々1機撃墜したと報告した。フェレンツィナはソ連軍の戦線内地区で無武装の複葉機(ポリカルポフPo-2と思われる)にも遭遇し、1発も射撃することなしに不時着に追い込んだ。その上で彼は、「敵のパイロットをおどすために、すぐ横に一連射を撃ち込んだ」のである。

11月7日には指揮官ジャール少佐がラタ1機を撃墜した。その2日後、カウズラリッチ曹長が2機目のI-16を撃墜したが、その戦果に確認があたえられたのは翌年の春になってからである。撃墜確認については、もっと厄介な

間もなくエースになるアウビン・スタルツィが、暖機運転中のBf109E-7の排気管で手を暖めている。1941〜42年の冬。(HPM)

「緑の2」による次の出撃を前に、整備員の手を借りて落下傘のベルトを締めるトミスラヴ・カウズラリッチ准尉。この機の珍しいカモフラージュは海上を飛ぶ時に機体を目立たなくすることをねらったパターンである。(HPM)

3人のエース、カウズラリッチとチュリノヴィッチ(中央、白い毛皮のコート)とスタルツィが、中隊のエーミールの前の雪の上で何か話している。1942年の初めの撮影。整備員たちは次の出撃の準備にかかっているが、3人のパイロットは出撃をあまり考えていないように見える。冬の間、酷い低気温と天候の激しい変化のために出撃の回数は大幅に減少した。地上のタキシングでさえも危険が多く、ヨシプ・ヘレブラントは次のように語っている。「マリウポリの滑走路は事実上氷の道であり、両側には凍った雪の厚い層が拡がっていた。ブレーキはほとんど効果がなく、事故が多発し、ことに着陸事故が多かった」(L Javor)

ケースがあった。行動中に編隊の列機3機と離ればなれになってしまったジャールは、歓声をあげて基地に着陸し、彼ひとりでラタを4機撃墜したと報告した。クロアチアの新聞と放送はこのニュースを大々的に報道し、彼の許には祝辞が大量に届いたが、ドイツ空軍の戦果評定委員会はこの戦果報告を撃墜不確実との判定をあたえただけだった。彼の撃墜の証言者がなかったためである。NDH最高司令部からの要請もあったが、この判定は変更されなかった。

ひどく腹を立てたジャールは年末近くに本国帰還の命令を受け、次席指揮官チュリノヴィッチ少佐がその後任となった。いくつかの非公式な報告によれば、1943年の春になって彼の戦果のうちの1機に対して確認をあたえられたようだが、これについての確実な公式文書は見つかっていない。

11月16日にはもっと戦果があった。スタルツィ中尉、ボスキッチ准尉、バ

1941年の末、マリウポリ南飛行場で集合写真撮影のために並んだ15(クロアチア)/JG54のパイロットさち。左から右に向かってスティエパン・ラディッチ、アウビン・スタルツィ(最終撃墜数11機)、ヨシプ・ヘレブラント(同11機)、リュデヴィト・ベンツェティッチ(同15機)、ベリスラフ・スペク、マルティン・コルベリク、ヴラディミル・フェレンツィナ(同10機)、ズラッコ・スティプティッチ(同13機)、フラーニョ・ジャール(同16機)、スティエパン・マルティナシェヴィッチ(同11機)、マト・チュリノヴィッチ(同12機)、イヴァン・イェルゴヴィッチ(同1機)、アルカデイエ・ボポヴ、ツヴィタン・ガリッチ(同38機)、ニコラ・ヴツィナ(同2機)、ヴェーツァ・ミコヴィッチ(同12機)、トミスラヴ・カウズラリッチ(同11機)。(J Novak)

ウムガルテン少尉の3名が各々1機のラタの撃墜確認をあたえられ、ガリッチ准尉は型式不明の1機撃墜を報告したが、確認戦果にはされなかった。その4日後、ヴラストフカの村の附近での空戦で、バウムガルテンはラタと空中衝突して戦死した。このI-16によって彼の合計戦果は5機に達した。11月24日にはフェレンツィナがラタ1機を撃墜し、これが中隊の1941年の最後の戦果となった。

　この年の末までにクロアチア中隊は戦闘出撃50回を重ね、確認撃墜5機、確認外撃墜6機（そのうちの1機は後に確認をあたえられた）の成績をあげた。しかし、兵力は急速に減少した。補充機と予備部品の到着は大幅に遅れ、1941年末にはエーミールの在籍数は7機──そのうち、出撃可能は3機のみ──となっていた。1942年1月12日には4.ZLSは解隊された。RLMが1941年10月22日に、この飛行隊の所属部隊を再編成するようにと命令しており、それに従った措置である。4.ZLSの人員は第10（強化）空軍戦闘機中隊──10.(Ojacano)ZLJに編入された。

　この年の冬の天候は悪く、気温は零下35度Cまで低下した。12月から3月までは海も凍結した。1月の航空部隊の行動はきわめてわずかだったが、元旦にマリウポリ飛行場でエーミール1機が40パーセント破損の損傷を受けた。

　アルカディイェ・ポポヴ大尉がクロアチアのパイロットの第二陣を率いてマリウポリに到着したのはこの時期だった。しかし、彼はロシア人の血筋であるために忠誠心に疑いをもたれ、ソ連への亡命を企んでいると根拠のない告発を受けるに至った。ポポヴはゲシュタポに逮捕されて訊問を受け、5カ月にわたって投獄された後、ウスタシャの取調機関、UNSに引き渡された。彼は途中2回の釈放を挟んで1943年8月まで投獄され、拷問によって左耳の聴力を失った。しかし、肉体と精神両面で強靭だったポポヴはこの苦しい日々を耐え抜いただけでなく、ZNDHに復帰し、間もなく第16空軍飛行中隊（16.ZJ）指揮官に任命された。

　その後、イタリア降伏後の1943年10月23日、彼は旧式のブレゲーBr19/8複葉軽爆を操縦してイタリアのトルトレラ飛行場に脱出し、最終的に英国空軍（RAF）第352（ユーゴスラヴ）飛行隊に参加した。そして1944年10月16日、クロアチア南部、ダルマティア沿岸部のスラノの上空で彼のスピットファイアMk V C（JK447）が対空砲火の命中弾を受け、戦死した。

クロアチア中隊のBf109Eの哀れな残骸。1941～42年の冬にマリウポリでソ連機の爆撃によって破壊された。ソ連の爆撃機は移動を重ねる15（クロアチア）./JG52の基地をコンスタントに攻撃してきたが、最も不愉快だったのは小型の複葉機、ポリカルポフPo-2とR-5による夜間空襲だった。(L Javor)

15(クロアチア)./JG52の1942年の初戦果は、2月9日にチュリノヴィッチ少佐(乗機はBf109E-7 製造番号1438)がタガンログ附近で撃墜したI-16 2機である。その3日後、ボスキッチ准尉がBf109E-7 製造番号7672で不時着して負傷した。2月25日にはジャール中佐がこの中隊の指揮官に復帰した。

3月に入ると天候が回復し、それとともに前線上空に現れるソ連機が多くなり、空戦のチャンスが増した。3月2日、沿岸上空をパトロールしていたツヴィタン・ガリッチ曹長(乗機はBf109E-4 製造番号1285)が、彼の初の確認戦果となるR-10軽爆 1機を撃墜した。彼は後に書いた戦中の雑誌の記事の中で次のように述べている。

「私は敵機――私の最初の戦闘の相手だった――を追っている時、訓練で学んだことを想い出した。彼は私の視野の真正面にいる。私の乗機は水平に飛んでいる。射撃ボタンを押せ！ きらきら輝く銃弾の線がまっすぐに目標に迫ってゆく。その時に私の機はイヴァンに追いつき、彼は私の左側を飛んでいる。私は反転して再び敵の後方につき、射撃する。敵は私の正面で墜落してゆく！ 彼は地面に墜落して、すこしばかり焔が上がる。初めのうち、私はこの戦果をあげても気持ちの高ぶりは感じなかった。私はただ驚いた。ひどく驚いた。すべてがこのように速く進んだことと、ソ連のパイロットがまったく防御しなかったことに驚いた。私は初めて敵を撃墜したのだが、歓びの気持は後になってから沸いてきた」

実際にガリッチには祝うだけの気持の余裕はなかった。数分後に、彼はマルガントフカ附近でラタ 1機撃墜不確実の戦果をあげたのだから。3日後にも彼はラタ2機を撃墜した(乗機はBf109E-7 製造番号1438)この日、ユーレ・ラスタ軍曹もリソノゴルスカヤ上空でラタ1機を撃墜した(乗機はBf109E-7 製造番号6087)。

3月8日、スティエパン・マルティナシェヴィッチ曹長はドイツの爆撃機に対して攻撃をかけてきたラタ1機とマトヴェイエフ・クルガン附近で戦い、これを撃墜した(乗機は再びBf109E-7 製造番号6087)。マルティナシェヴィッチは15日にもアブラモフカ周辺で同様な戦果をあげ(乗機はBf109E-7 製造番号6354)、彼の列機、イヴァン・イェルゴヴィッチ中尉はこの戦闘で彼の唯一の戦果をあげた。16日にはラスタ(Bf109E-7 製造番号6124)とガリッチ(Bf109E-4 製造番号1285)はフライ・ヤークト――索敵攻撃――任務で飛び、シンヤフカの村の附近で各々1機のI-16を撃墜した。

3月20日の午後、ジャール中佐(Bf109E-7 製造番号1438)は2名のパイロット――ニコラ・ヴツィナ中尉とヴェーツァ・ミコヴィッチ軍曹(Bf109E-7 製造番号6087)――を率いてパトロール任務に出撃した。ユルスコエ・ボヴォド附近を飛行中にジャールはMiG-1 1機を撃墜し、それから間もなくボリソスカヤ附近でヴツィナがもう1機のMiGを撃墜し、ミコヴィッチはラタ2機撃墜の戦果をあげた。その翌日、中隊のエーミール5機が前線上空を飛んでいる

ツヴィタン・ガリッチは1942年3月2日にこのハルコフR-10を撃墜した。この大型の偵察爆撃機は1930年代半ばに実用化された機で、1941年6月のバルバロッサ作戦の時期には完全に時代遅れになっていたが、1942年になってもソ連空軍の第一線で戦っていた。ほとんど防御力のないR-10はクロアチア中隊のパイロットたちに数多く撃墜された。(J Novak)

時、ポクロヴスコエ附近でⅢ/JG52の戦闘に遭遇し、ラタとSB-2爆撃機の群れとの空戦に参加した。ドイツ側の戦果は戦闘機2機と爆撃機1機であり、ミコヴィッチ(Bf109E-7 製造番号6087)がラタ1機を撃墜した。

その翌日、ヴツィナがポリカルポフI-153チャイカ1機をウスペンスカヤ周辺で撃墜した。その日、遅い時刻、ジャール(Bf109E-7 製造番号1438)はミコヴィッチ軍曹とラディッチ伍長を率いて沿岸地区のパトロールに出撃したが、ラディッチの機はエンジントラブルのために基地に引き返した。その数分後、残った2機はSB-2 2機と護衛のMiG-1 1機に遭遇した。ジャールはツポレフ爆撃機の右エンジンに損傷をあたえることができたが、MiGのパイロットは勇敢にも1機だけでクロアチア人の2機に戦いを挑んだ。彼はミコヴィッチのBf109E-1(製造番号2680)のコクピットとエンジンとプロペラに命中弾をあたえ、着実に相手の攻撃を撃退した。

3月24日、この中隊のパイロットたちは延べ14機出撃し、3機撃墜の戦果をあげた。ラスタ(Bf109E-1 製造番号950)はウスペンスカヤ附近でラタ1機を撃墜し、スティエパン・ラディッチはタガンログ附近でMiG-1 1機を撃墜したと報告し、ミコヴィッチ(この日の二度目の出撃。乗機は製造番号950)は同じ地区で2機目のMiGを撃墜した。

その翌日の早朝の出撃でジャール中佐は緊迫した空戦を戦い抜いた。中隊の戦闘日誌には次のように書かれている。

「任務はマトヴェイェフ・クルガン附近で偵察機1機と会合することだったが、偵察機は悪天候のため到着しなかった。ジャール中佐とミコヴィッチ軍曹は前線上空のパトロールを続け、0610時にI-153 5機とI-16 3機を発見した。彼らはただちに攻撃に移った。ジャール中佐は最初の一航過によってI-153 1機を撃墜した。敵機はいずれも10kg

救命胴衣を首のあたりに着込んだツヴィタン・ガリッチ曹長がBf109E-3「緑の15」の翼の上に立ち、整備員たちと談笑している。1942年の春の末、マリウポリで撮影。この機を主に使ったのは12機撃墜のエース、ヴェーツァ・ミコヴィッチだったが、他の戦績の高いクロアチアのパイロットたち、スティブティッチ、カウズラリッチ、ラスタ、ガリッチなどもこの機で出撃した。(J Novak)

戦闘で大分くたびれたBf109E-7「緑の29」のコクピットに乗り込むマト・チュリノヴィッチ少佐。1942年春の末に撮影。クロアチア中隊のエーミールはこの時期には、年老いた感じを見せ始めていた。(J Novak)

爆弾を搭載していたが、我が方の機を見ると自軍地域内に爆弾を投棄して逃走を図った。理由は不明だが、1機は不時着した。
「それから、現代的な型の敵機10機が我が方の機に接近し、攻撃してきた。味方の2機は敵の激しい対空砲火も浴びせられた。ジャール中佐の機の胴体には機関砲弾1発が命中し、無線装置が破損した。コクピットとプロペラ1枚にも機銃弾1発ずつを被弾した。我が方のパイロット2名は低い雲のために、たがいに機影を見失い、無線電話連絡も不通になったが、負傷することもなくタガンログに帰還した」

1942年の4月は共産軍機撃墜数の上での戦績は高くなかったが、HZLとして初のエース2人が誕生した。7日の0600時、アツィンゲル大尉、ガリッチ准尉、ミコヴィッチ軍曹の3機がフライ・ヤークト索敵を開始した。彼らは間もなく異なった型が混ざった敵の戦闘機の編隊に遭遇し、ヴェーツァ・ミコヴィッチ（乗機はBf109E-7 製造番号6087）はディアコヴォ村の南東でMiG-3 1機を撃墜した。これは彼の5機目の戦果だった。そのすぐ後に、ツヴィタン・ガリッチ（Bf109E-4 製造番号1285）も彼の5機目の戦果、チャイカ1機を撃墜した。その後、4月の末までに部隊はラタ5機、イリューシンDB-3爆撃機3機、ヤクUT-2練習機1機撃墜と、その外に撃墜不確実3機の戦果を加えた。

クレーン司令官の命令によって、再び組織変更——少なくとも文書の上では——が行われ、4月16日に4.ZLSが再び設けられ、フラーニョ・ジャール中佐が指揮官に任じられた。この飛行隊下の2つの飛行中隊、10.ZLJと11.ZLJの指揮官にはマト・チュリノヴィッチ少佐とヴラディミル・フェレンツィナ大尉が補せられた。ZNDHの文書によれば、4.ZLSではその後、大戦中に内部の変更が行われたとのことだが、東部戦線で戦っていた期間全体を通じて15（クロアチア）./JG52という4.ZLSのRLM公式呼称は変わらなかった。ジャール中佐が指揮官だった期間は、この飛行隊は非公式に戦闘飛行隊「ジャール」というニックネームで呼ばれた。

4月24日、Bf109E-7 製造番号6087が地上でソ連機の爆撃によって破壊された。27日にはこの部隊で1942年での初めての損失が発

戦友との記念写真。ヴラディミル・フェレンツィナがクロアチア海軍派遣部隊のひとりの水兵と並んでポーズをとっている。1942年の春、クリミア半島のどこかで撮影された。(S Ostric)

1942年の春、エウパトリア飛行場でエーミールのエンジンを点検している整備員たち。この時期、15（クロアチア）./JG52の可動率は悪化していた。これは驚くには当たらない。中隊のBf109Eはそれ以前2年にわたり、ドイツ空軍のいくつもの部隊で欧州各地で戦闘に使用してきた機なのだから。JG27が北アフリカで使用していた機も何機かあった。(HPM)

生した。ベリスラフ・スペク大尉が方位を見失い、Bf109E-3(「緑の4」製造番号1411)をロストフ周辺のソ連軍の飛行場に不時着させたのである。戦後に共産主義国になったユーゴスラヴィアで、彼はあの時の行動は意図的な脱走だったと主張した。

スペクはVVKJに入隊する前、ユーゴ青年共産主義者同盟のメンバーだったが、1937年にはウスタシャのメンバーになり、熱心な反共主義者の態度を示した。そして、ソ連のNKVDによる「再教育」を受けた後、彼は再び思想的な立場を乗り換えた。彼の共産主義信奉は非常に固く、1948年にユーゴスラヴィアがソ連との提携を破棄した時、スペクはルーマニアに亡命したほどである。しかし、1960年代になって、結局ユーゴにもどってきた。

5月2日、部隊はマリウポリから2カ所の飛行場、サラブシとエウパトリアに移動した。これらの基地からは、4.ZLSはセヴァストポリの敵の陣地に対する一連のヤーボ(戦闘爆撃機)攻撃任務で出撃した。この移動の翌日、フェレンツィナ少佐がソ連の戦闘機編隊との空戦で撃墜され、負傷した。

5月4日には本物の脱走があった。ニコラ・ヴツィナ中尉が「緑の9」によってソ連軍地区に脱走したのである。大戦後に彼は再び立場を切り換え、1946年にPo-2を操縦してイタリアへ飛んでいったのだ!

スマートな軍服姿のヴラディミル・フェレンツィナに、エーミールの状態を報告する整備員たち。1942年の春、エウパトリア飛行場で撮影。フェレンツィナは1942年5月3日、Bf109E-4(製造番号3664)に乗ってセヴァストポリ周辺で戦い、負傷した。このエースは損傷を受けた乗機をなんとか操縦してサラブシ飛行場まで飛び、胴体着陸して機体は大破した。(S Ostric)

Bf109E-4「緑の5」と作業中の整備員たち。1942年5月、エウパトリア飛行場にて。スタルツィはこのエーミールで頻繁に出撃したパイロットのひとりである。(J Novak)

救命胴衣をまだ着たままで、身体を大きく動かして、セヴァストポリ上空での自分の戦いぶりをカウズラリッチ准尉に説明しているスティプティッチ大尉。1942年5月20日の撮影。この日、2人はいずれも戦果をあげ、大尉はMiG-3とDB-3F各1機を撃墜し、准尉はMiG 1機を撃墜した。(S Ostric)

鹵獲されたMiG-3を見にきたヨシブ・ヘレブラントが、それを背景にしてポーズをとっている。1942年4月初め、シンフェロポリにて。彼が休暇から戦線に帰ってきた直後である。この機はルーマニア軍の部隊が鹵獲した。MiG戦闘機の中で最初に量産されたMiG-3は、中・低高度の空戦ではBf109に対抗できず、クロアチア中隊のパイロットも大量にこれを撃墜した。(J Novak)

マト・チュリノヴィッチの芸術的作品——「緑の7」が機首を地面に突っ込んで逆立ちしている。1942年6月、マリウポリ飛行場での出来事。チュリノヴィッチはこの時期に何機ものエーミールで同様な事故を何度も重ねた。(J Novak)

5月17日には再び基地を移動した。4.ZLSが新たな基地、アルテモヴスクとコンスタンティノヴスカで活動したのは12日間だけであり、その後、マリウポリにもどった。この期間、クロアチア中隊のパイロットたちはスコアを高める機会に恵まれず、5月全体で戦果は確認撃墜6機、確認外撃墜3機だけに留まった。

カウズラリッチは5月5日、Bf109E-4 製造番号1618に乗って、ソシノゴルスカヤの周辺でラタ1機を撃墜し、その15日後にズラッコ・スティプティッチが「緑の10」で出撃し、彼の東部戦線での初めての戦果、MiG-3とDB-3F各1機を撃墜した。その日、ガリッチ、スタルツィ、カウズラリッチもセヴァストポリの上空で各々1機を撃墜した。

このような戦果があがる一方で、4.ZLSが飛ばしているエーミールは高機齢の感じが現れ始めた。5月には事故のために3機が機籍抹消された——Bf109E-7 製造番号4217と5058と、Bf109E-4 製造番号1285の3機である。この埋め合わせをするためにRLMは、機体修理センターからかなりくたびれたエーミールを少数機、補充として送り込んできた。その中には北アフリカ戦線でJG27が使用していたものも混じっていた！ これらの補充があっても、部隊の出撃可能機が8機を越えることはなかった。6月の初め、状況は一段と悪化した。2機が離陸時に接触し、Bf109E-4 製造番号1483が廃棄処分されたのである。その上に、それから2週間も経たないうちに、エーミール5機が事故のために大きな損傷を受けた。

それでもなお、クロアチア部隊は空戦で有効に戦い続け、6月20日までに8機を撃墜した。20日にはガリッチが彼の10機目の確認戦果となるMiG-1を撃墜した。スタルツィはラタ1機を、「緑の15」に乗ったミコヴィッチは MiG 2機を撃墜した——後者はこの部隊の50〜51機目の戦果だった。その翌日、4.ZLSは1000回

目の戦闘出撃を記録した。その間の戦果は52機撃墜である。この時期に活躍したパイロットのひとりはヨシプ・ヘレブラント大尉である。彼は6月の後半にMiG-3と空戦を数回交え、6月18日、24日、27日にMiGに損傷をあたえたと報告した。そのうちの1機は後に撃墜の確認があたえられ、彼の初戦果となった。

　この時期にはドイツ空軍の部隊の大部分はBf109Fで戦っており、グスタフ（G型の愛称）の初期型もすでに実戦部隊に現れていたが、HZLのパイロットたちは彼らの部隊の旧式なエーミールに不満の声をあげながら、そのままにされていた。クロアチア人パイロットたちは彼らの戦闘技量が実証されるにつれて、新型要求の声を高めるようになった。そして6月3日には、ジャール中佐がベルリンへ行き、ZNDHの駐在武官マリヤン・ドランスキ中佐を通じて公式に強く不満を申し立てた。その12日後、4.ZLSのパイロットの一群がBf109G-2の操縦を体験するためにウマニから出発した。7月1日にはグスタフの最初の1機がマリウポリに到着し、月末には中隊の配備数は14機になった。

　エーミールで戦っていた期間の15（クロアチア）./JG52の出撃数は延べ1115機に達した。任務別の作戦行動の回数は迎撃265回、護衛134回、飛行場防空60回、パトロール58回、フライ・ヤークト30回、低空攻撃32回、偵察52回である。1941年10月9日から1942年7月6日までの間

ツヴィタン・ガリッチが乗っていた最後のエーミール。方向舵に確認撃墜11機と確認外撃墜3機のマークが描かれている。彼はクロアチアのパイロットのなかでBf109Eによる最高の戦果をあげた。彼に続くのは8機と2機のヴェーツァ・ミコヴィッチである。背景に写っているエーミールの危うげな姿勢に注目されたい。(J Novak)

1942年6月の晴れた日、戦果をあげて帰還したフェレンツィナ大尉が飛行帽をかぶったまま、「緑の15」のコクピットから出ようとしている。整備員たちが歓迎のために大勢集まっている。(S Ostric)

の戦果は確認撃墜60〜66機、確認外撃墜11〜13機、地上での破壊3機、大損傷4機である。クロアチア中隊のパイロットの人的損害は死者2名、負傷3名だった。

7月1日にセヴァストポリが陥落した後、航空戦闘は一段と激しくなった。4日にヘレブラントとラディッチは船舶攻撃に出撃し、ジェイスク附近で哨戒艇1隻を撃沈した。

クロアチア中隊のパイロットたちはすぐに新型のBf109Gに馴染み、7月9〜10日の2日間だけでも撃墜13機が報告された。ガリッチが3機、スティブティッチ、スタルツイ、ベンツェティッチの3名が各々2機、ジャールは彼の5機目の確認撃墜となるDB-3F 1機、チュリノヴィッチ、フェレンツィナ、ミコヴィッチの3名が各1機である。

7月9日、Bf109G-2 製造番号13421が対空砲火に撃墜され、15（クロアチア）./JG52の戦闘によるG型の初の損失となった。その3日後、ひとつのロッテ（2機）編隊（おそらくチュリノヴィッチとスティブティッチであると思われる）が一度の出撃で戦闘機3機と爆撃機3機を撃墜したと報告した。7月13日にはヘレブラント、スタルツイ、ミコヴィッチが1機を撃墜し、ヘレブラントの機が軽い損傷を受けた。

敵の反撃
The Opposition

1941〜42年の東部戦線の空中戦闘の特徴は明らかな不均衡である。枢軸国側では経験の高いドイツ空軍のベテランが並び、もっと若い層のパイロットたち——経験は少ないが十分な訓練を受けて新型機を立派に乗りこなしている——によって支えられていた。そのような者たちを相手に戦うのは一握りのソ連空軍のパイロットだった。彼らはなんとか生き延びて、やっと生き残りのために必要な技量を身につけた者たちだった。しかし、彼らの背後には文字通り数千人もの訓練生同様の経験なしのパイロットがいて、旧式機に乗り、時代遅れの戦術で戦っていた。その連中が自主性を示したり、どのように航空戦を進めるべきか批判を述べたりすれば、即座に懲罰中隊や歩兵の最前線の塹壕に送り込まれるか、最悪の場合にはNKVDの銃殺分隊の前に立たされることになった。

この時期にクロアチア航空兵団（HZL）のベテランたちの多くは、楽に戦果をあげることができると考えていた。ヨシプ・ヘレブラントは次の

ひとりの整備員が新たに配備されたBf109G-2「黒の8」のエンジン整備に当たっている。一方、彼の同僚は左主翼の下の日陰で昼寝中。後方にはくたびれた様子の2機のエーミール（「緑の9」と「緑の11」）が並んでいる。これらのベテラン戦闘機は、最初のグスタフ（Bf109G型）が1942年7月初めに到着した後、1ヵ月ほどクロアチア航空兵団（HZL）に留まっていた。（HPM）

「公用」の本部乗用車のドアにもたれているマト・チュリノヴィッチ。前輪の泥よけカバーの上面に描かれた「翼つきのクロアチアの盾」のマークに注目されたい。1942年の夏に撮影。（S Ostric）

ように回想を語っている。
「対空砲火は本当に恐ろしかった。特に艦船からの奴が。ロシアの戦闘機は我々のまともな相手ではなかった。一番大変だったのは撃墜するべき敵機を見つけ出すことだった。その上に、敵を探し求めているのは我々だけではなかった。うまく敵機を発見すれば、その後は接近し、照準し、短く一連射を浴びせ、回避コースに入る——それだけだった。それは相手がSBでも、ラタでも、MiGでも違いはなかった。ひねり込んだり、急旋回したり、自分の腕前を発揮する本物の格闘戦(ドッグファイト)の場面は滅多になかった。敵の哀れな若者たちが習ったのは、離陸して、まっすぐ水平飛行して、着陸することだけではないかと思われた。私は心底、彼らに同情した。しかし、これは戦争なのだ。戦争はいつでも不公平なゲームなのだ」

しかし、戦闘機パイロットが攻撃的な本能を抑えて、もっとやさしく振舞うこともあった。アウビン・スタルツィはこのような場面を憶えている。1942年の夏、彼はサフェト・「スラヴコ」・ボスキッチと並んで飛んでいた。

「我々のパトロールはまったく平穏だった。そろそろ基地に引き揚げようとしている時に、「スラヴコ」が低い高度を単機で飛んでいるLaGGを発見した。彼はすぐに降下して攻撃位置についたが、なぜか射撃を始めなかった。攻撃する代わりに、彼はそのロシア機の横に並んだ。彼が敵機のコクピットをのぞき込むと、17歳ほどのブロンドの少年が見えた。少年は飛行帽もかぶっていず、ただ呆然として彼を見つめていた。彼は少年に向かって手を振り、その機から離れた。着陸した後、なぜ彼は撃たなかったかを私はたずねた。『子供を殺すことはできなかった』——これが彼の答えだった」

7月20日、ヴェーツァ・ミコヴィッチ軍曹は単機で飛んでいるPe-2爆撃機を追跡し、彼のシュヴァルム(4機)編隊から離れてしまった。彼のBf109G-2(「黒の13」製造番号13411)は敵の後部銃座の射弾が命中し、タンクから燃料が漏れ始めた。ミコヴィッチは味方の戦線内に戻ろうと努めたが、ロストフ近くの敵味方戦線間の無人地帯に墜落して戦死した。

その次の出撃でトミスラヴ・カウズラリッチは、ヨシプ・ヘレブラントがPe-2をイエイスク附近の海面に撃墜するのを見た。その2日後、枢軸国軍部隊はカフカスの原油産地占領を目指して攻勢作戦を開始した。この大作戦を支

ヘルベルト・イーレフェルトとフラーニョ・ジャールが何か議論しているようだ。1942年の夏、JG52の指揮官会議の後の情景。1941年4月6日の早朝、イーレフェルトは第2教導航空団第1(戦闘)飛行隊(I.(J)/LG2)を率いてニーシュ飛行場を攻撃し、着陸態勢に入っていたユーゴスラヴィア王国空軍(VVKJ)のポテーズPo25 1機を撃墜した。その数分の後、セルビア人のヴラスティミル・ベリッチ大尉の地上からの射撃が幸運にもドイツ空軍のBf109E-7(製造番号2507)に命中し、イーレフェルトはドニイ・ドスニックの村の近くに落下傘降下せねばならなかった。彼は捕虜になり、数日間、収容所ですごした。大戦末までに彼は撃墜123機を記録した。(S Ostric)

1942年8月8日、15(クロアチア)./JG52の100機目の確認撃墜となる戦果をあげ、アルマヴィル飛行場に帰還したヘレブラント大尉に花束が贈られている。(S Ostric)

援するための航空戦は1943年の初めまで続いた。

リュデヴィト・ベンツェティッチは7月24日、Bf109G-2(「黒の9」製造番号13489)で離陸中に墜落したが、重傷を負うのは免れた。その翌日、フェレンツィナ少佐がチョルビノフスカヤ附近でMiG-3 1機を撃墜し、その2分後にチュリノヴィッチ少佐も同様な戦果をあげた。

クロアチア中隊は7月26日にマリウポリからタガンログへ移動し、その翌日、ジャール(「黒の1」)とガリッチ(「黒の3」)はフライ・ヤークト任務に飛び、LaGG-3の6機編隊に遭遇した。彼ら2人が各1機撃墜したLaGGは、ポダイスク附近のドイツ軍戦線内に墜落した。

7月26日には、部隊は危うく指揮官を失うのを免れた。フラーニョ・ジャールとヴラディミル・フェレンツィナはロストフとバタイスクの間をフライ・ヤークト任務で飛んでいる時に、多数のソ連戦闘機の攻撃を受けた。ジャールの「黒の1」製造番号16436はエンジンに被弾し、敵側の戦線内のシャムシイェフの村の近くに不時着した。彼は敵に捕らえられるのを逃れ、数時間後にドイツ軍の戦線に脱出してきた。

クロアチア中隊は間もなく移動を重ねた。7月29日にロストフ、8月7日にブジェラジャ・グリーナ、その3日後にはアルマヴィルと移動した。

8月に入ると戦果が続いた。7日にはガリッチ(「黒の3」)とスタルツィ(「黒の2」)がノヴォ・ポクロウスコイエの上空でソ連の戦闘機5機と交戦し、各々1機のLaGG-3を撃墜した。その24時間後には隊内がお祝い気分になった。「黒の8」に乗ったヘレブラントがアルマヴィル附近でDB-3 1機を撃墜し、これでこの部隊の確認撃墜100機が達成されたためである。

そのすぐ後にも戦果が続いた。8月13日、ガリッチ(「黒の3」)とマルティナシェヴィッチがマイコプ地区上空のフライ・ヤークトに出撃した。彼らはチャイカの編隊と交戦し、ガリッチはネフトゴルスクの西方で1機を撃墜し、彼の列機は2機を仕止めた。その翌日、ヘレブラントが操

11機撃墜のエース、スティエパン・マルティナシェヴィッチ曹長。見事に磨き上げられたエーミールの機首の前でポーズをとっている。1942年5月、エウパトリアにて。(S Ostric)

整備員の手を借りて落下傘を装着しているフェレンツィナ大尉。Bf109G-2/R6「黒の11」に乗って出撃する前の光景。この10機撃墜のエースは1942年8月の半ばまでの2週間は平穏無事にすごしたが、19日にはまさにこの機(製造番号13517)が飛行中に火災を起こし、彼はやっとのことでケルチに帰還した。その2日後、彼は「黒の10」(製造番号13438)で胴体着陸した。25日にはSB-2 1機を撃墜したが、その翌日には乗機黒の1(製造番号13577)が対空砲火によって損傷し、クリムスカヤ周辺の大草原に不時着陸した。27日には、このエースは離陸事故に遭い、乗っていた「黒の11」は大破して廃棄された。(S Ostric)

カウズラリッチ准尉がBf109G-6/R6「黒の9」の翼に腰かけている。アルマヴィルでの撮影。1942年8月29日、彼の同僚のエース、スティエパン・ラディッチ軍曹がこの機で出撃し、戦闘で損傷した乗機をトゥアプセ附近に不時着させようと試みて戦死した。グスタフの翼下面の機関砲ゴンドラと見慣れないスピナーのマーキングに注目されたい。(HPM)

上●トミスラヴ・カウズラリッチとヨシプ・ヘレブラントが何かおしゃべりしている。1942年の春、マリウポリ飛行場で撮影。遠くにクロアチア中隊のエーミールが、かろうじて見える。(S Ostric)

下●15(クロアチア)./JG52の地上勤務技術将校、ドラグティン・イヴァニッチ少尉が「黒の8」の前のテーブルについている。この機の尾部に見える1本だけの撃墜マークは、ヘレブラント大尉の戦果を示している。戦史研究家の中にはイヴァニッチが18機以上の戦果をあげたと述べている者もあるが、実際には彼はまったく操縦訓練を受けたことがない。(J Novak)

縦する「黒の8」(製造番号13463)が油圧ポンプ故障のためアルマヴィル飛行場に胴体着陸した。

8月16日早朝、シュトゥーカ護衛の任務でノヴォロシイスクに飛んだガリッチ准尉(「黒の3」)とボスキッチ軍曹(「黒の10」)はMiG-3を各々1機撃墜した。その3日後のフライ・ヤークト出撃で、カウズラリッチ准尉(「黒の6」)はゴストジェヴスカヤ附近でチャイカ1機を撃墜し、20日にはスタルツィ中尉(「黒の5」)がLaGG-3 1機を撃墜した。8月24日の正午の少し前、スタルツィ(「黒の2」)とカウズラリッチ(「黒の6」)のロッテ(2機)編隊がノヴォロシイスク附近で護衛を伴う爆撃機数機と遭遇し、スタルツィがLaGG-3、カウズラリッチがDB-3を1機ずつ撃墜した。

8月29日、クロアチア中隊はひどく忙しく、延べ20機が戦闘出撃した。夜明けに始まった最初の出撃ではカウズラリッチ(「黒の6」)がMiG-3 1機を撃墜し、ベンツェティッチ中尉が墜落を確認した。しかし、その次の同じ地区へのパトロール任務出撃では、中隊の最も若いパイロットが戦死した。スティエパン・ラディッチ軍曹はIℓ-2シュトルモヴィークを撃墜した直後に、乗機「黒の9」(製造番号13520)が対空砲火で損傷し、グリコール・タンクが破れた。彼は味方戦線までもどろうと努めたが、だんだんに高度が下がっていった。そこでラディッチは不時着を試みた。ズラッコ・スティプティッチが恐れの気持ちを抱いて見守っている前で、「黒の9」は樹立の頂部に衝突した後、墜落して爆発した。

しかし、それを悲しんでいる暇もなく、0700時には次の任務の編隊が離陸した。この出撃でヘレブラントはシルヴァンスカヤの東方でシュトルモヴィーク1機を撃墜した。その翌日、早朝のFw189偵察機護衛任務の出撃で、フラーニョ・ジャール(「黒の13」)はIℓ-2とMiG-3各1機を撃墜し、2機目のMiGがスティエパン・マルティナシェヴィッチ(「黒の7」)によって仕止められた。8月の最後の獲物はツヴィタン・ガリッチの機関砲によって倒された。彼はノヴォロシイスク=アナパ地区での近接支援任務での行動中にMiG-3 1機を撃墜した。

この時期、ドイツ陸軍はノヴォロシイスク戦線で苦しい戦闘を続けていた。航空部隊は数百回ものフライ・ヤークト行動によって航空支援に当たり(護衛任務は一日平均20回だった)、クロアチア中隊もそれに加わって戦った。

Bf109G-2(製造番号13577)「黒の1」による出撃から帰還したフラーニョ・ジャール中佐。1942年8月。この機は指揮官の使用機とされていたが、カウズラリッチ、ボスキッチ、フェレンツィナ、スタルツィ、ベンツェティッチもこの機で数多く出撃している。(HPM)

「黒の8」の機首の横に立っているヨシブ・ヘレブラント。1942年の秋、マイコプ飛行場にて。彼はこの機に乗った出撃で8機の撃墜戦果を報告し、そのうちの7機は確認戦果とされた。(S Ostric)

中隊の戦果は着実に延び続け、ガリッチが隊のスコアボードのトップに立った。この作戦期間中の彼の最初の戦果は、9月1日にノヴォロシイスク周辺で撃墜したMiG-3 1機である。

その2日後、Fw189護衛の任務で出撃したスタルツィ(「黒の12」)とマルティナシェヴィッチ(「黒の11」)は、ノヴォロシイスク附近で8機のラタと戦い、各々1機を撃破した——後者の撃破戦果は後に撃墜確認があたえられた。9月4日、同じ地区への同様な任務の出撃で、ヘレブラント大尉(「黒の8」)はLaGG-3、ガリッチ(「黒の3」)はMiG-3各々1機撃墜を報告した。

6日の早朝、マルティナシェヴィッチ(「黒の7」)がクリヴェンコスカヤ駅の付近で型式不明の敵1機を撃墜し、一方、ヘレブラントとスタルツィは100トン級タンカーに掃射攻撃を加え、この船は搭載品が爆発して転覆した。その3時間後、Fw189を護衛して飛んでいたシュヴァルム編隊が、ノヴォロシイスクの西方でDB-3 6機と護衛戦闘機5機に遭遇した。そこで始まった長い空戦でベンツェティッチ中尉は爆撃機1機を撃墜したが、他のパイロットの中に目撃者はなかった。

翌日の午後、3機のグスタフがイェリサヴェティンスカヤ飛行場から出撃してパトロール任務につき、彼のいつもの「黒の8」に乗ったヘレブラントがラタ1機を撃墜した。9月8日、ヘレブラント(この日も「黒の8」)とマルティナシェヴィッチ(「黒の7」)がノヴォロシイスク地区でのパトロールに出撃した。戦線の上空に入ると、彼らはR-5複葉偵察機1機を護衛しているチャイカ11機と遭遇した。そこで始まった格闘戦で、彼らはR-5を

協同で撃墜し、マルティナシェヴィッ
チはチャイカ1機も撃墜した。
　意気揚々と基地に帰ってきた彼ら
は、R-5撃墜の戦功をどちらのもの
にするかを、コインをほうり上げて
決めた。結局、ヘレブラントが1機
撃墜の戦功を得ることになり、彼は
ログブックに「大型複葉機1機撃墜」
と記入した。
　それから4時間の後、パトロール
任務で飛んでいたグスタフ3機がゲ
レンヅィク附近でDB-3 3機とラタ10
機を発見した。この日「黒の4」に乗
っていたマルティナシェヴィッチが、
爆撃機1機を撃墜した。この日の最
後の戦果をあげたのはガリッチ(「黒
の12」)とラスタ(「黒の11」)だった。
ノヴォロシイスクの東方のパトロー
ルに当たっていた彼らは、1530時にチャイカを各々1機撃墜した。
　ソ連軍もその翌日、多少ながらもクロアチア中隊に報復した。ガリッチの
「黒の12」(製造番号13654)に損傷をあたえ、その結果、彼はクリムスカヤ
の飛行場に胴体着陸せねばならなくなった。
　9月10日の夕刻、ヘレブラント(「黒の10」)とラスタ(「黒の11」)はノヴォロ
シイスク市の上空でDB-3 6機と戦闘機多数の混成の大きな編隊と遭遇し
た。ヘレブラントは護衛戦闘機の攻撃によって損傷を受けたが、その前に
爆撃機1機をうまく撃墜することができた。
　その翌日、グスタフ4機がイェリサヴェティンスカヤを離陸し、ノヴォロシイ
スク=ゲレンヅィク街道のパトロール任務についた。そこでこの編隊はチャ
イカ5機とラタ14機の大編隊と交戦し、ジャール中佐(「黒の1」製造番号
13577)がチャイカとラタを1機ずつ撃墜し、カウズラリッチ准尉もラタ1機を
撃墜した。しかし、ジャールはI-16の1機に襲われ、彼のメッサーシュミット
は両主翼、尾部、エンジンに被弾した。冷却器と滑油冷却器も損傷したが、
中佐は何とか無事に帰還した。この出撃でヘレブラントの「黒の10」はドイ
ツ軍の対空砲火によって損傷し、彼はエンジン火災を起こした機をやっと
のことでアビンスカヤの補助飛行場に無事着陸させた。
　ほぼ1年にわたる戦線での作戦行動によって、クロアチア中隊のパイロッ
トたちの間では精神的、身体的な疲労が進んだ。毎日のように続く出撃で
人員が損耗し、同時に疾病や伝染病と戦わなければならなかった。1942年
の9月には出撃可能なパイロットは9名だけになっていた。
　第15(クロアチア)中隊の戦力を維持するために、ドイツで訓練を受けて
いる新しいパイロットたちが到着するまでの間のつなぎの措置がとられた。
第Ⅳ航空軍団の命令により、9月12日に5名のドイツ空軍パイロット(フリッ
ツ少尉、ボルミヘル軍曹、ラビエガ軍曹、シュモル軍曹、ショルツェ軍曹)が
Ⅱ./JG52から各々の乗機とともに転属してきたのである。しかし、ドイツ人の
パイロットは15中隊に6日間所属し、延べ38回出撃した後、命令変更を受

製造されて間もないBf109G-2を、ウマニからイェリ
サヴェティンスカヤにフェリーしてきた後のアウビン・
スタルツィ中尉。嬉しげな表情である。1942年8月
の後半、HZLのマーキングはまだ描かれていない。
(Authors)

解説は98頁から

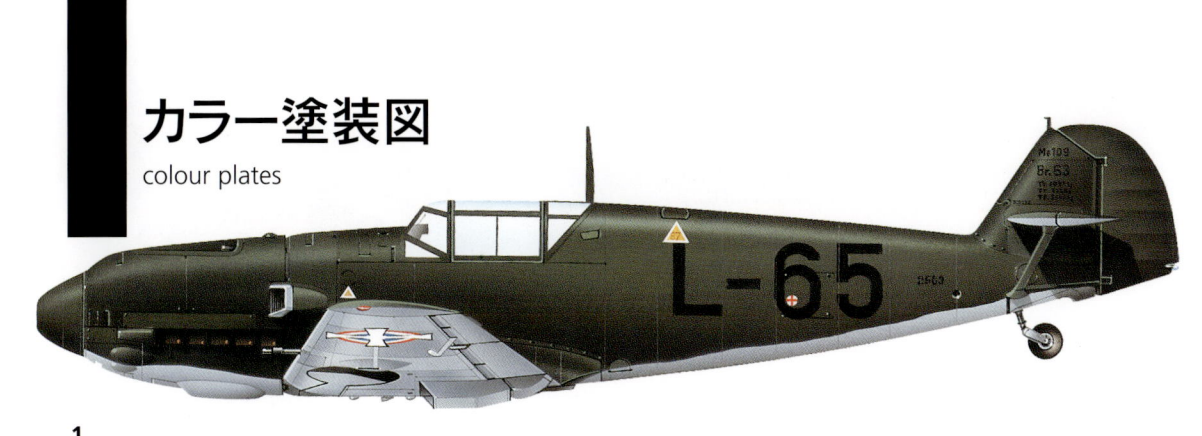

カラー塗装図
colour plates

1
Bf109E-3a　ユーゴスラヴィア王国空軍　機籍番号2563　「黒のL-65」　1940年9月
ヴェリキ・ラディンツィ　第103戦闘機中隊　ツヴィタン・ガリッチ軍曹

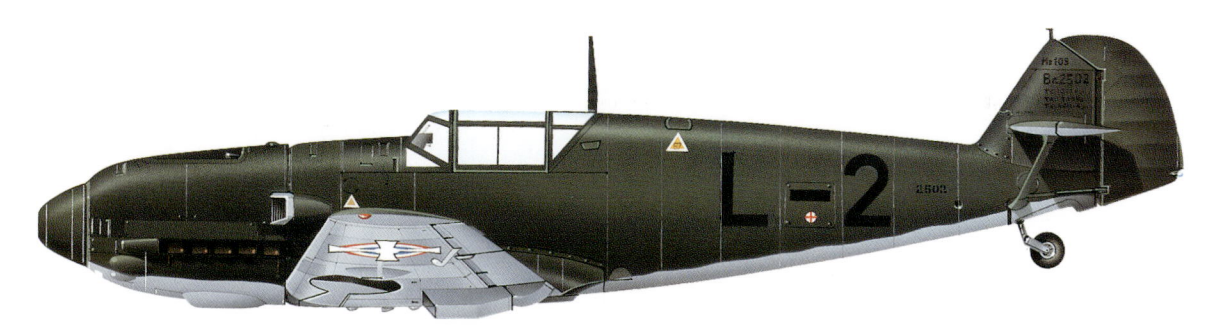

2
Bf109E-3a　ユーゴスラヴィア王国空軍　機籍番号2502　「黒のL-2」　1941年4月　コソル　ズラッコ・スティプティッチ大尉

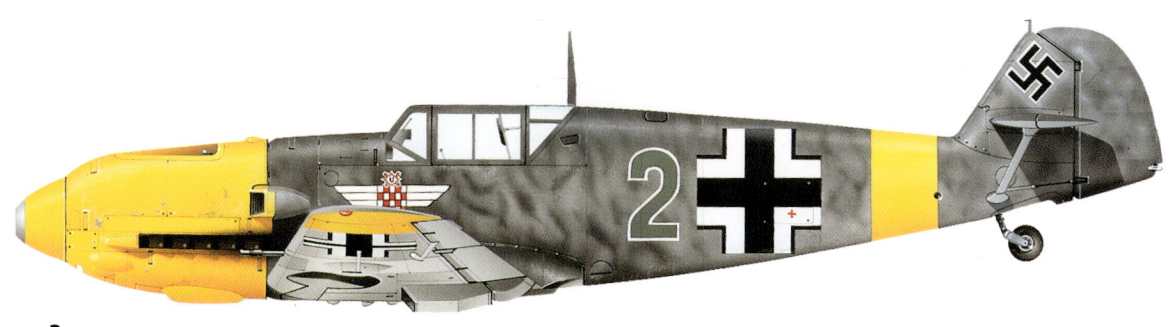

3
Bf109E-7 trop　「緑の2」　1942年4月　タガンログ　15（クロアチア）./JG52　トミスラヴ・カウズラリッチ見習士官

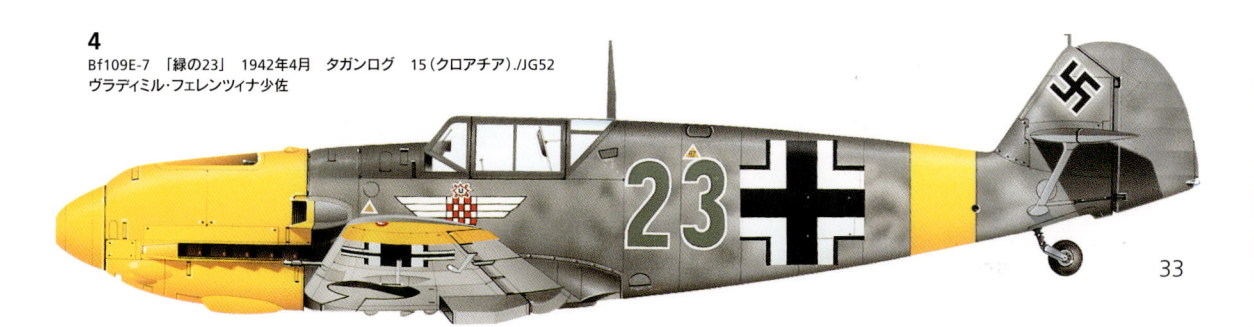

4
Bf109E-7　「緑の23」　1942年4月　タガンログ　15（クロアチア）./JG52
ヴラディミル・フェレンツィナ少佐

5
Bf109E-4 「緑の5」 1942年5月 エウパトリア 15（クロアチア）./JG52 アウピン・スタルツィ中尉

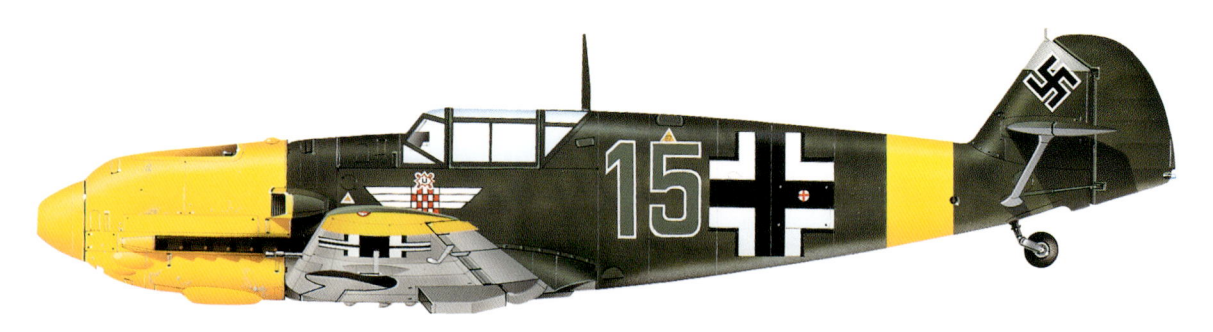

6
Bf109E-3 「緑の15」 1942年6月 エウパトリア 15（クロアチア）./JG52 ヴラディミル・フェレンツィナ少佐

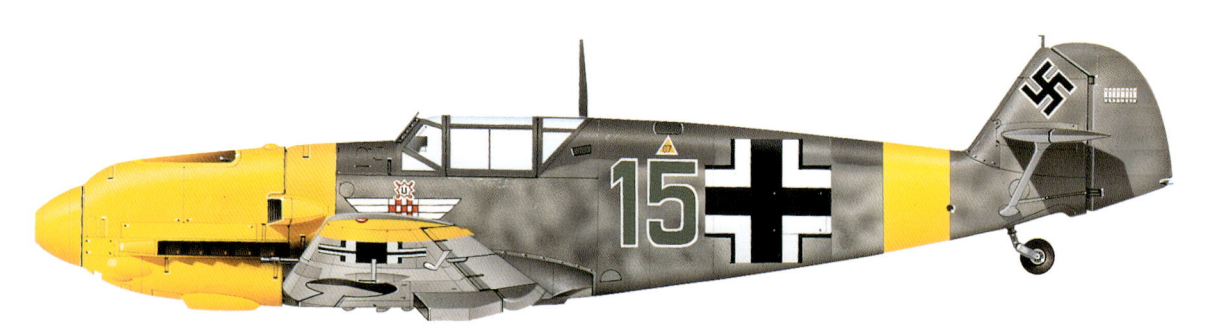

7
Bf109E-3 「緑の15」 1942年6月 マリウポリ 15（クロアチア）./JG52 ヴェーツァ・ミコヴィッチ曹長

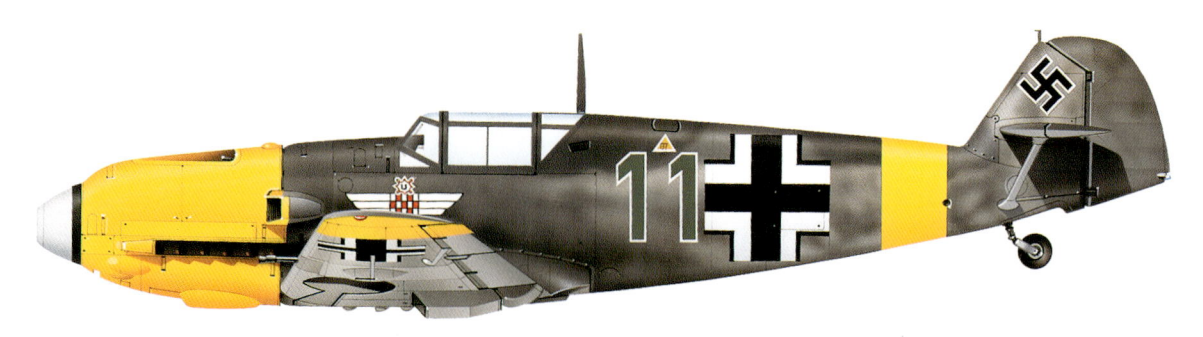

8
Bf109E-3 「緑の11」 1942年7月 マリウポリ 15（クロアチア）./JG52 マト・チュリノヴィッチ少佐

9
Bf109E-3 「緑の17」 1942年7月 マリウポリ 15(クロアチア)./JG52 スティエパン・ラディッチ軍曹

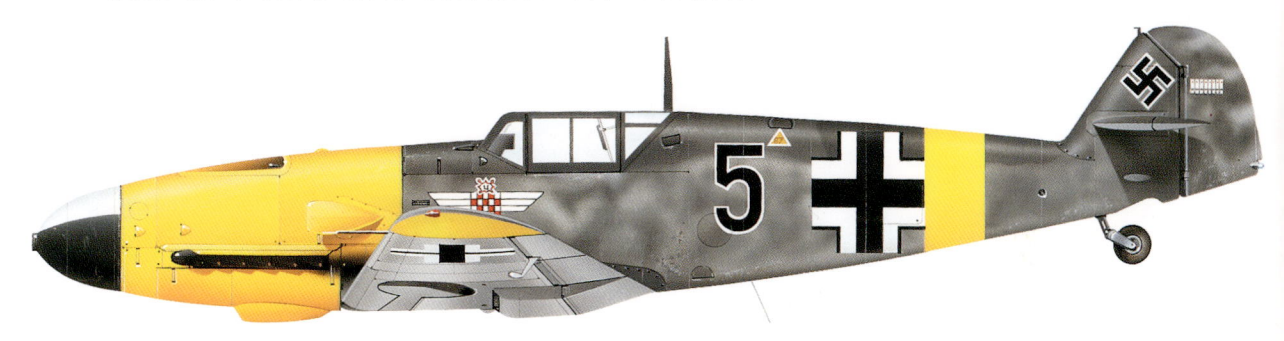

10
Bf109G-2 「黒の5」 1942年7月 マリウポリ 15(クロアチア)./JG52 リュデヴィト・ベンツェティッチ中尉

11
Bf109G-2 「黒の7」 1942年7月 マリウポリ 15(クロアチア)./JG52 マト・チュリノヴィッチ少佐

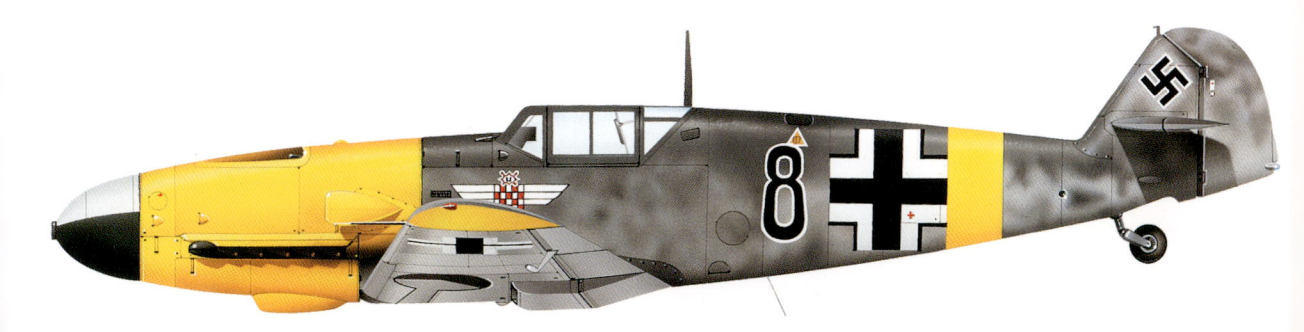

12
Bf109G-2(製造番号13463)「黒の8」 1942年7月 マリウポリ 15(クロアチア)./JG52 ヨシプ・ヘレブラント大尉

13
Bf109G-2/R6（製造番号13520）「黒の9」 1942年8月 アルマヴィル
15（クロアチア）./JG52 スティエパン・マルティナシェヴィッチ曹長

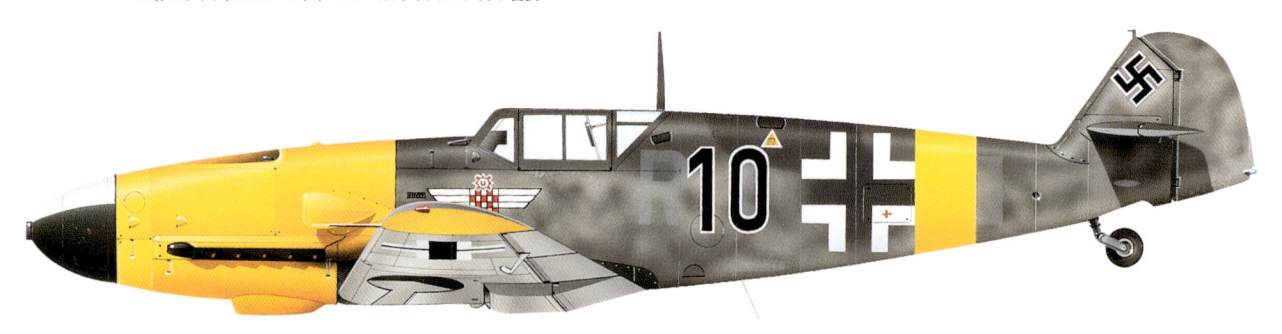

14
Bf109G-2（製造番号13438）「黒の10」 1942年8月 ケルチ
15（クロアチア）./JG52 サフェット・ボスキッチ見習士官

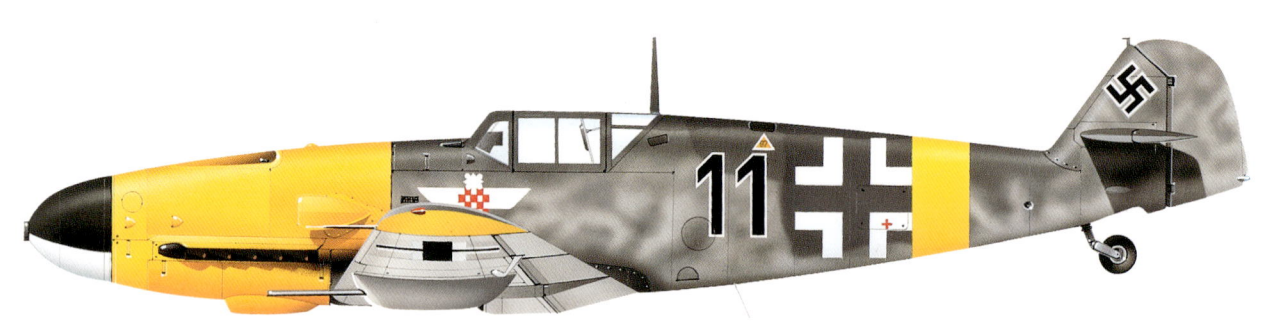

15
Bf109G-2/R6（製造番号13517）「黒の11」 1942年8月 イェリサヴェティンスカヤ
15（クロアチア）./JG52 ヴラディミル・フェレンツィナ少佐

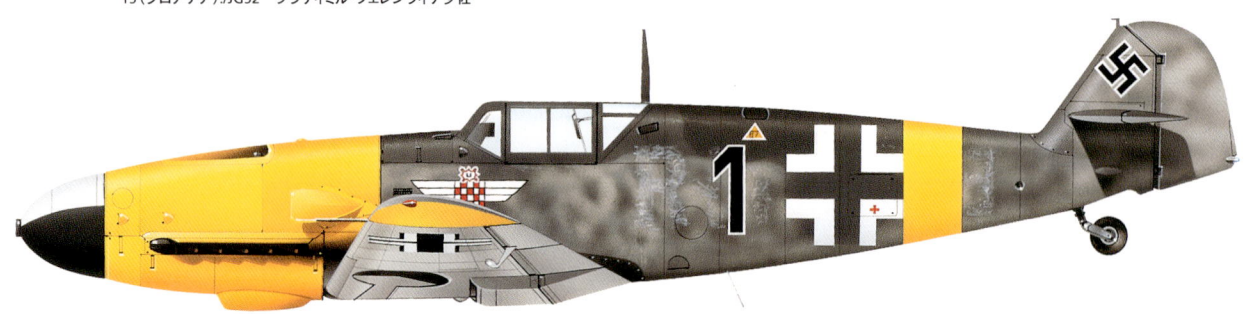

16
Bf109G-2（製造番号13577）「黒の1」 1942年9月 イェリサヴェティンスカヤ
15（クロアチア）./JG52 フラーニョ・ジャール中佐

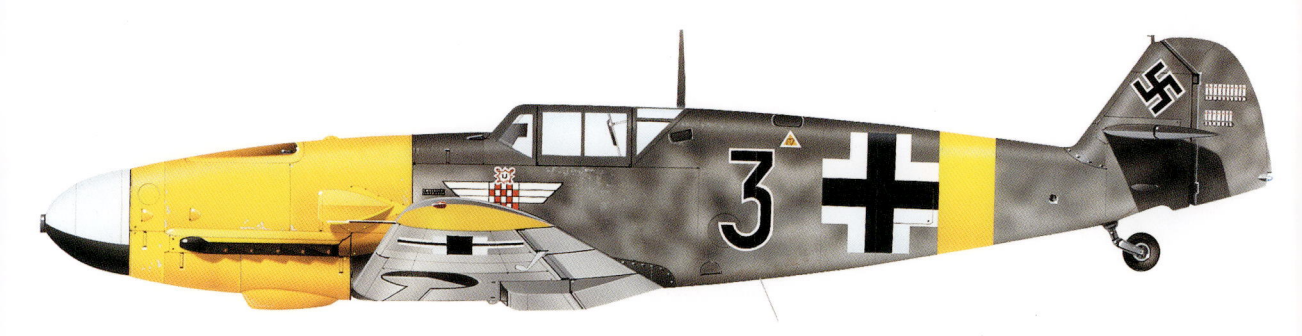

17
Bf109G-2（製造番号13432）「黒の3」 1942年9月　マイコプ　15（クロアチア）./JG52　ツヴィタン・ガリッチ見習士官

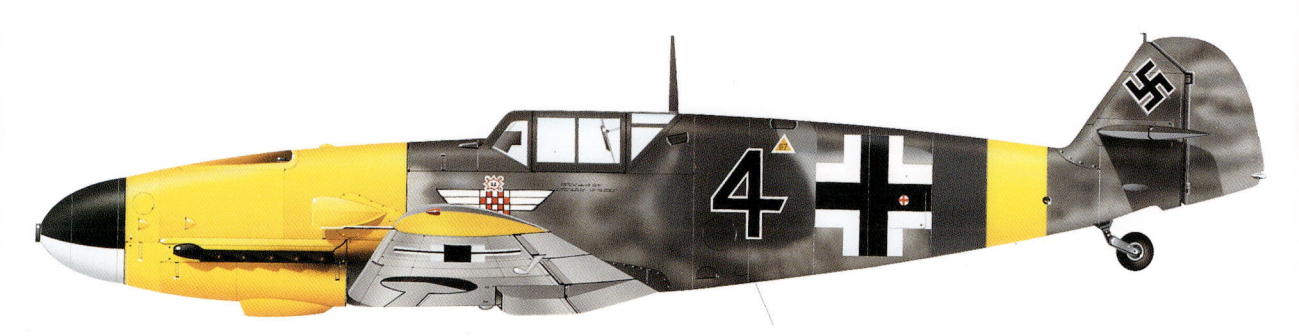

18
Bf109G-2　「黒の4」 1942年10月　イェリサヴェティンスカヤ　15（クロアチア）./JG52　ユーレ・ラスタ少尉

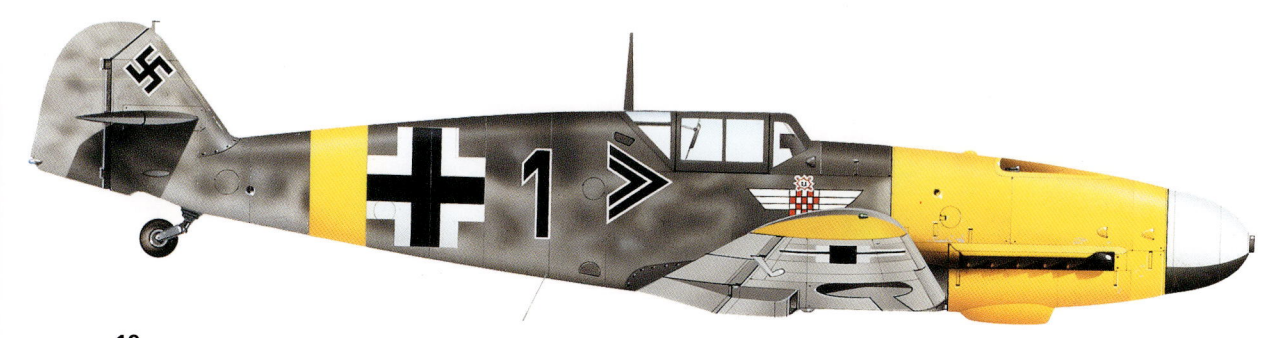

19
Bf109G-2（製造番号13577）「黒の二重シェヴロンと1」 1942年10月
マイコプ　15（クロアチア）./JG52　フラーニョ・ジャール中佐

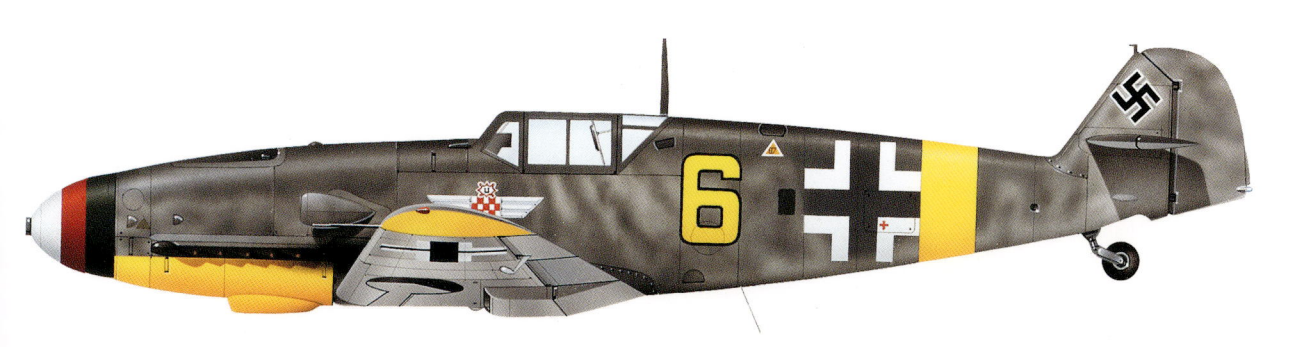

20
Bf109G-2　「黄色の6」 1943年5月　ケルチIV　15（クロアチア）./JG52　ツヴィタン・ガリッチ少尉

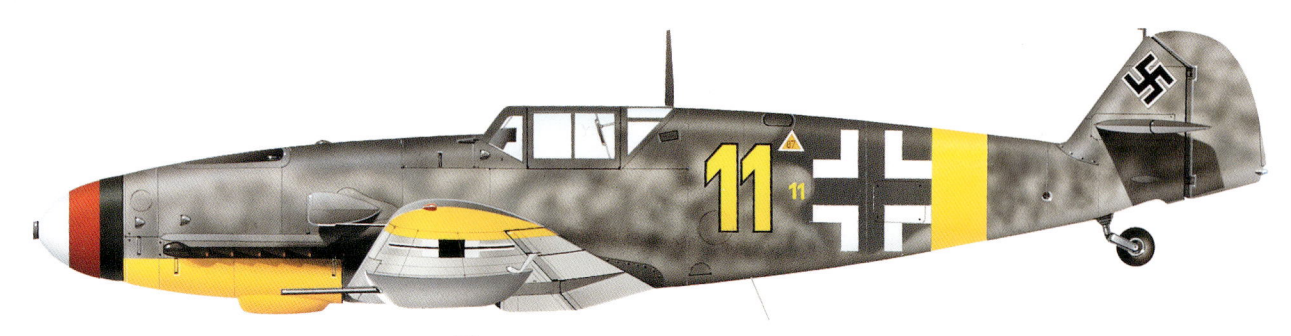

21
Bf109G-2/R6 「黄色の11」 1943年5月 グコヴォ 15(クロアチア)./JG52 アウビン・スタルツィ中尉

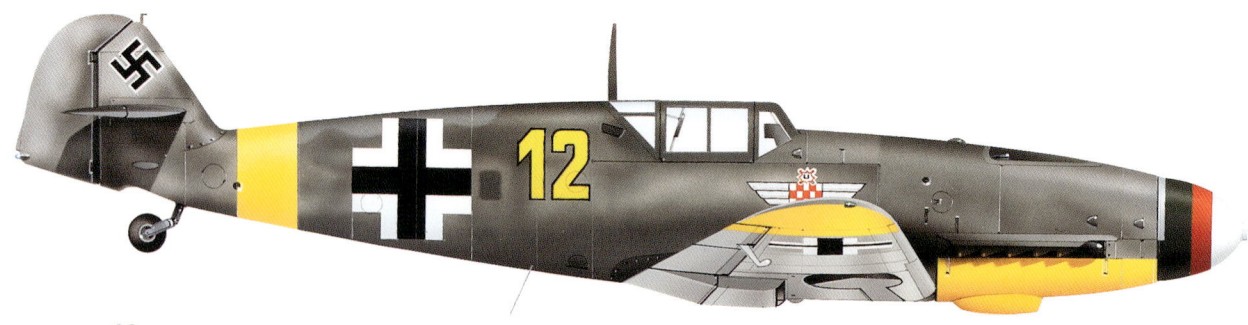

22
Bf109G-2 「黄色の12」 1943年5月 タマン 15(クロアチア)./JG52 リュデヴィト・ベンツェティッチ中尉

23
Bf109G-4 1943年11月 カランクト 15(クロアチア)./JG52 ヴラディミル・クレース伍長

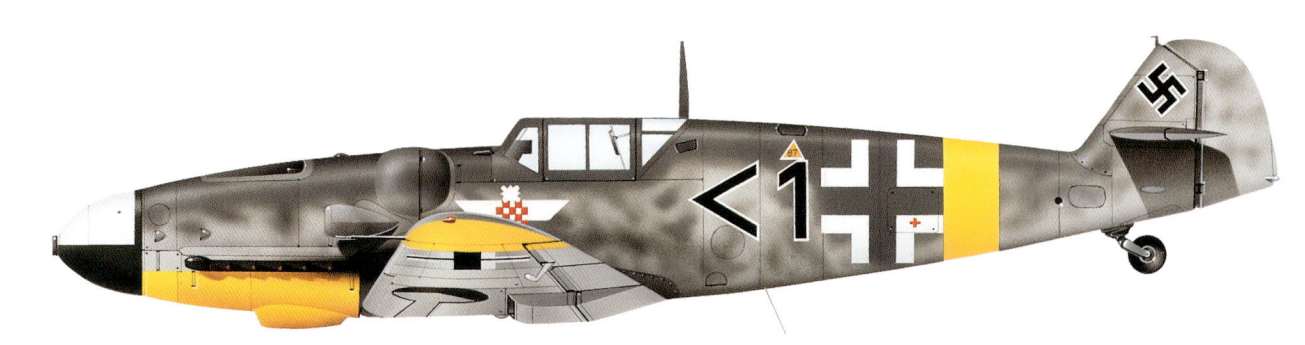

24
Bf106G-6 「黒のシェヴロンと1」 1943年11月 ケルチ 15(クロアチア)./JG52指揮官 マト・ドゥコヴァッツ中尉

25
Bf109G-6（製造番号18497）「白の13」 1343年11月 ケルチ 15（クロアチア）./JG52 ズデンコ・アヴディッチ伍長

26
Bf109G-6 「白の5」 1943年11月 カランクト
15（クロアチア）./JG52 ヨシプ・クラニッツ伍長

27
Bf109G-6（製造番号19680）「赤の9」 1943年11月 ケルチ 15（クロアチア）./JG52 エドゥアルド・マルティンコ伍長

28
G50.bis 「3504」 1944年4月 ボロンガイ 第21戦闘機中隊（21.LJ） トミスラヴ・カウズラリッチ少尉

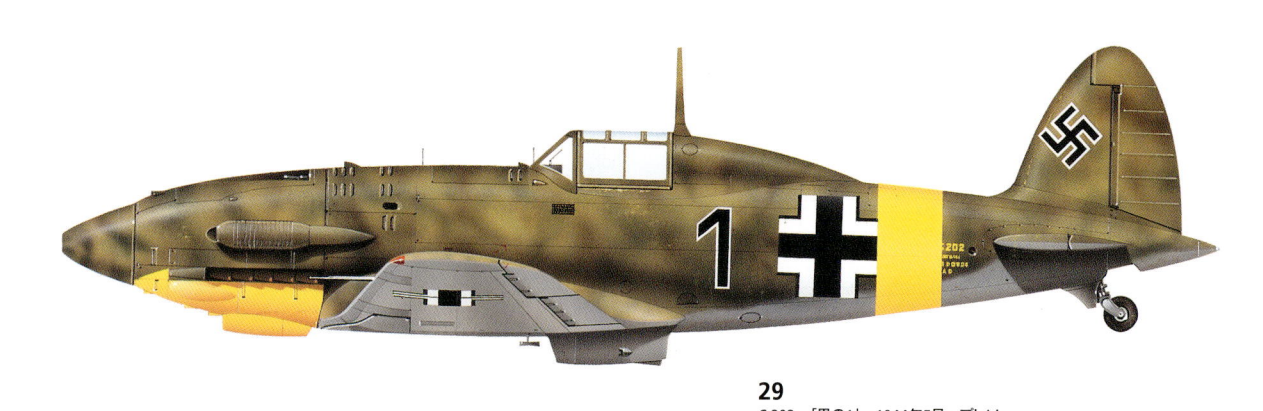

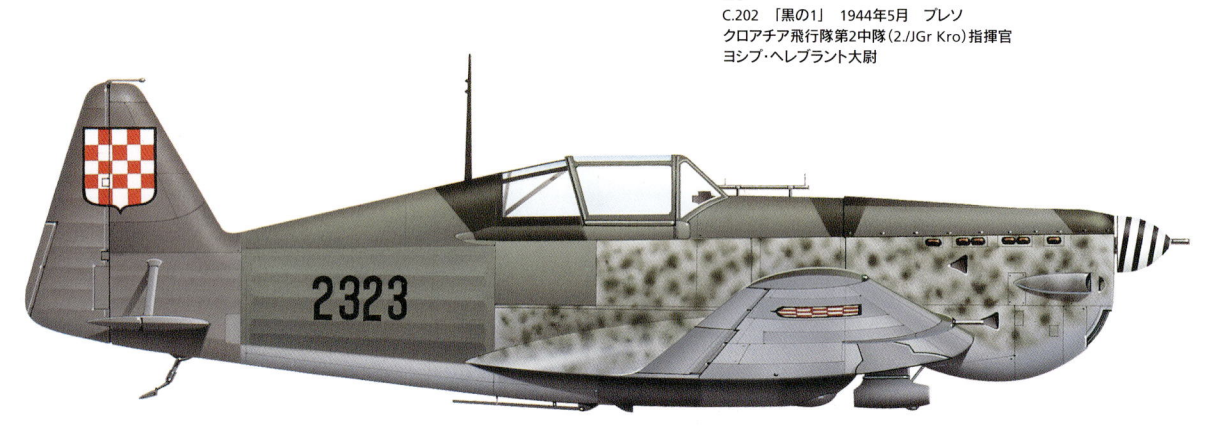

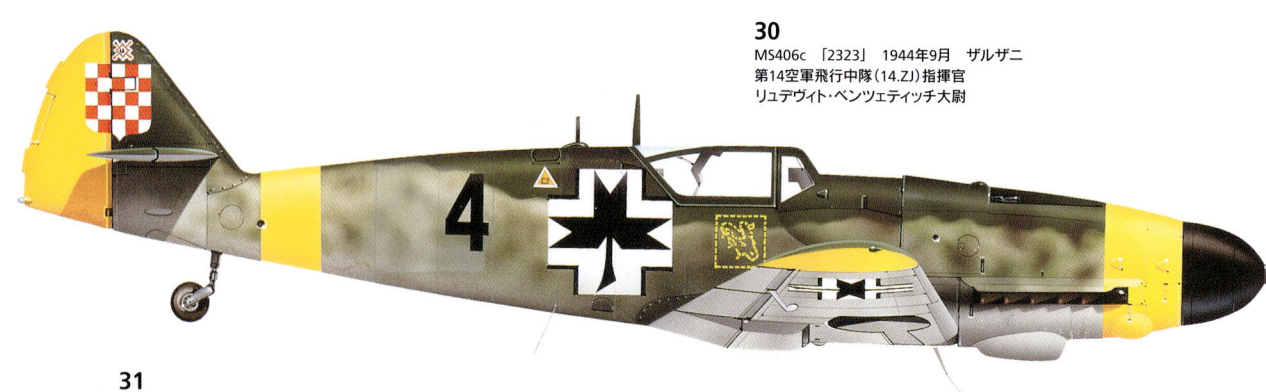

29
C.202 「黒の1」 1944年5月 プレソ
クロアチア飛行隊第2中隊（2./JGr Kro）指揮官
ヨシプ・ヘレブラント大尉

30
MS406c 「2323」 1944年9月 ザルザニ
第14空軍飛行中隊（14.ZJ）指揮官
リュデヴィト・ベンツェティッチ大尉

31
Bf109 G-10（機籍番号2104） 1945年3月 ルツコ 第2戦闘機中隊（2.LJ） ズラッコ・スティプティッチ少佐

32
Yak-3 「黄色の12」 1945年5月 プレソ 第113戦闘機師団（113.LP）指揮官 ミリェンコ・リボヴシチャク大尉

けてもとの所属飛行隊に復帰した。

9月23日、ドイツ陸軍第17軍はトゥアプセに向かって進撃開始した。ソ連空軍は大きな損害を受けていたため（10月1日までに第5航空軍の兵力はちょうど120機、そのうちの戦闘機は52機までに低下していた）、ドイツ軍の攻勢に対する防御行動を縮小せねばならなかった。

25日の夕刻、マイコブ飛行場を目指す第502地上攻撃機連隊（502.ShAP）のシュトルモヴィーク4機が探知され、1655時に防空待機のロッテ編隊が迎撃のために緊急離陸した。ガリッチがシャディシェムスカヤの南方で1機を撃墜し、ドイツ空軍の編隊のパイロットも1機撃墜した。そのうちの1機に乗っていたのは、その後にソ連邦英雄となったグリゴーリイ・K・コチェルギーン少尉だった。彼は捕虜になるのを逃れ、8日後に自隊に帰り着いた（ソ連空軍の組織とソ連邦英雄の称号については本シリーズ第2巻「第二次大戦のソ連航空隊エース 1939-1945」を参照されたい）。

9月の最後の日、フラーニョ・ジャール（「黒の1」）とサフェット・ボスキッチ（「黒の9」）はシャディシェムスカヤ上空でLaGG-3の一群と戦い、ジャールが2機、ボスキッチが1機を撃墜した。

10月1日、ラスタ（「黒の4」）がトゥアプセの東方で「MiG-3」1機を撃墜したと報告したが、この地域にはMiGの部隊はなかったので、彼の獲物はYak-1、Yak-7、LaGG-3のいずれかと思われる。その2日後、この中隊から延べ27機が出撃し、その中でガリッチは彼の20機目の戦果、Pe-2 1機を撃墜した。この機がアタミシュ丘陵の西方に墜落したことは、彼の列機、ラスタによって確認された。

6日の1017時、ヘレブラント（「黒の8」製造番号13463）とスタルツィ（「黒の10」）がフライ・ヤークト任務で出撃した。そしてプシシュ河上空で

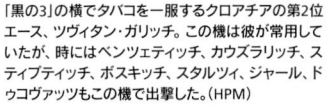

「黒の3」の横でタバコを一服するクロアチアの第2位エース、ツヴィタン・ガリッチ。この機は彼が常用していたが、時にはベンツェティッチ、カウズラリッチ、スティプティッチ、ボスキッチ、スタルツィ、ジャール、ドゥコヴァッツもこの機で出撃した。(HPM)

502.ShAPのシュトルモヴィーク4機と護衛についた第246戦闘機連隊（246.IAP）のLaGG-3 4機を奇襲した。ヘレブラントはIℓ-2 1機撃墜、スタルツィは「YakまたはLaGG」1機撃墜を報告した。ソ連側の資料によれば、K・M・ロバーノフ伍長のシュトルモヴィークが撃墜され、2機が損傷を受けて、そのうちの1機は廃棄処分された。

この空域で第518戦闘機連隊（518.IAP）のYak1 4機編隊を率いて飛んでいたセルゲーイ・S・シシロフ大尉（ソ連空軍エースのひとり。少なくとも13機撃墜）は彼らより低い高度でイリューシンの編隊を攻撃している2機のクロアチアのBf109を見つけた。シシロフはこの機に向かって降下し、「黒の8」を攻撃した。彼は3回の攻撃の後、狙った敵機がグナイ山の近くに墜落したと報告したが、実際には2機のグスタフは無事にマイコプ飛行場に帰還している。確かにヘレブラントは弾丸の破片によって左手に負傷し、乗機は損傷していた。彼らのIℓ-2編隊への第一撃は一瞬のうちであり、護衛のLaGGはまったく攻撃に対応して戦わなかった。それを考えると、スタルツィが撃墜したと判断した敵機は引き揚げてゆくシシロフのYakだったのかもしれない。

その3日後、フラーニョ・ジャール中佐と彼の列機、トミスラヴ・カウズラリッチ准尉は、コムロヴィナ附近でSB-2爆撃機3機と護衛のLaGG-3 4機の編隊に遭遇した。これは第15中隊の戦闘日誌とドイツ空軍の文書の双方に記録されている。この日の行動の過程でカウズラリッチは負傷したが、何とかマイコプ飛行場に帰還した。彼は後に次のように回顧を語っている。

「ソ連機との勝負がつかない空戦の後、我々は基地の方へ向かうJu88の一群を発見した。ばらばらに近い編隊であり、損傷している機も何機かあった。我々は他に何もするべきことがないので、護衛の位置につこうとして接近していった。私は爆撃機の1機に接近すると、その機の機銃手が射撃し始め、

公式写真撮影のためにポーズをとっているクロアチアの訓練生たち。1943年6月、ブレンツラウで撮影された。後列（起立）は左から右へ、ヴィクトル・ミヘウチッチ、ドラゴ・パヴリチェヴィッチ、ドラグティン・ソコル、ルーカ・キロラ、ユユ・トムシッチ、ニコラ・トシッチ、ミラン・クチニッチ、ヨーゼ・マルティノヴィッチ、ドラグティン・ミシッチ、ボジダル・バルトゥロヴィッチ、ハシブ・ディジャレヴィッチ、ヨシプ・チービッチ。前列（着席）は左から右へ、アンジェルコ・アンティッチ、ヨシプ・ニコリャチッチ（彼は誕生した時、ユーゴスラヴと名づけられたが、1941年4月の戦争後にヨシプと名を変えた）、ボゴミル・ルムレル、マルコ・ボグダノヴィッチ、ラティミル・スラヴェティッチ、マト・ドゥコヴァッツ、シメ・ファビヤノヴィッチ。（J Novak）

私は右足に2カ所と左の腕に1カ所、7.9mm弾を受けた。重傷ではなかったが、きわめて複雑な負傷だったために、治療には長い期間が必要だった。

「私は1943年5月に東部戦線にもどったが、私の負傷はまだ完全に治癒していなかったので、治療を続けるために間もなく再びクロアチアに送還された。いずれにしても、あれが東部戦線派遣部隊での私の最後の出撃だった」

10月23日、ガリッチ(「黒の10」)とラスタ(「黒の11」)がソ連の戦闘機編隊と交戦し、ラスタがラザレフスコイエの近くでMiG-3と思われる1機を撃墜し、ガリッチはラタ1機を撃墜した。2日後、10月25日にクロアチア中隊は150機目の戦果を記録した。0752時、ヨシプ・ヘレブラント(「黒の8」)とアウビン・スタルツィ(「黒の4」)が離陸した。このトゥアプセ地区へのフライ・ヤークトは成果が大きく、2人は各々LaGG-3 2機を撃墜して帰還したのである。彼らの獲物は第269戦闘機連隊(269.IAP)の所属であり、この連隊はこの日が戦線初出撃だった。

269.IAPの任務は高度1500mで飛ぶ502.ShAPのIℓ-2の4機編隊の護衛であり、LaGG 4機を地上攻撃機の近接護衛につけ、そのすぐ上に3機を配置し、その上の高度2000mに最上段援護の3機を配置するように計画していた。しかし、この地域に慣れないために中段の3機は方位を見失い、任務を中止して帰還した。このため近接護衛は頭上のカバーなしの状態になり、クロアチア中隊の2機は完全な奇襲攻撃をかけることができた。

最初の一航過の攻撃でLaGG 2機が撃墜され、ピョートル・B・ドルブニン中尉は戦死し、P・D・マリシェフ軍曹は脱出降下した。パーヴェル・A・ビチュコフ大尉の機も大きな侵害を受け、ラザレフスコイエ飛行場に帰還して胴体着陸し、廃棄処分された。P・S・ポポーフ中尉はグスタフと交戦し、乗機のLaGGは格闘戦の間に味方の対空射撃によって損傷を受け、彼はティホノフカ近くの海上に落下傘降下せねばならなくなったと後に報告している。その日の午後、ラスタ(「黒の11」)はトゥアプセ附近でMiG-3 1機を撃墜したと報告し、その翌朝、ガリッチ(「黒の3」)も同様な戦果をあげた。10月24日、グスタフ3機が緊急発進し、マイコプ飛行場に接近して来るPe-2爆撃機数機を迎撃して、「黒の1」に乗ったフラーニョ・ジャールが1機を撃墜した。

10月28日にはもっと激しい戦闘があった。その日の8回の出撃の最初の回で、フライ・ヤークト任務で飛んでいたラスタとガリッチは数機のLaGG-3と遭遇し、各々1機撃墜を通報してきた。しかし、基地に向かっている時、ラスタの「黒の16」のエンジンが突然に爆発し、機は石のように落下していった。パイロットは機から脱出することができず、Bf109が地上に激突して爆発した時に戦死した。

その少し後、ジャール(「黒の1」)、ガリッチ、ベンツェティッチ(「黒の5」)の

東部戦線派遣部隊の将兵はクロアチアに帰還した時、英雄として歓迎され、数多くの名誉をあたえられた。これは有名になったエースたちが、1942年12月23日にザグレブで催された式典で勲章を授与されている場面である。左端からジャール、ヘレブラント(彼の上衣の襟元にベギッチ将軍が勲章をつけようとしている)、スタルツィ、ガリッチ。(S Ostric)

3名はゲオルギイェフスコイエに向かうJu87の編隊を護衛するために出撃した。ソ連の戦闘機がJu87を迎撃しようと試みた時、クロアチアの3機が襲いかかり、ジャールがLaGG-3を2機、ガリッチとベンツェティッチが各々1機を撃墜した。

新しいパイロットたち
New Pilots

　1941年の夏、ユーゴスラヴィア王国空軍(VVKJ)での飛行経験をいくらかもっているパイロット30名が選抜され、訓練を受けるためにプレンツラウの基礎飛行学校、A/B120に送られた。グループの中で8名は戦闘機、7名が爆撃機のコースに選ばれ、13名は途中で落第し、2名は事故で死亡した。戦闘機パイロットに進む者は1942年6月の半ばに追加訓練を修了し、フュルトの戦闘機操縦学校に送られた。

　そして10月には、マト・ドゥコヴァッツ、ヨシプ・ニコリャチッチ、ニコラ・ヴィッツェ、アンジェルコ・アンティッチの4名の少尉、ヨシプ・チーピッチ曹長、ヴィクトル・ミヘウチッチ、ボジダル・バルトゥロヴィッチの2名の軍曹、ドラゴミル・ミシッチ伍長の8名が前線のクロアチア中隊に移動できる状態になった。

　10月29日、ボスキッチ(「黒の11」)とベンツェティッチ(「黒の3」)のロッテ編隊はソ連の戦闘機を迎撃するために緊急発進し、低高度でのドッグファイトの末、クロアチア中隊のベテラン2人はLaGG-3 2機を撃墜した。この戦闘の後に、新入りのパイロットたちはBf109G-2「黒の2」による15分の慣熟飛行の機会をあたえられた。そして午後には、古参のパイロットの列機の位置について戦線上空を飛んだ。しかし、新人のひとりはあまり長く生きられない運命だった。その翌日、ヨシプ・ニコリャチッチ少尉は彼のまだ2回目にすぎない実戦出撃で戦死した。トゥアプセの西方でソ連の戦闘機に上方から襲われ、彼のBf109G-2「黒の10」(製造番号13608)が撃墜されたのである。

　11月3日、ガリッチ准尉とヴィッツェ少尉が緊急離陸して、チャイカ7機とLaGG-3 8機を迎撃した。この時のソ連のパイロットたちは歯ごたえのある相手であり、ゲオルギイェフスコイエの南東方でガリッチのBf109G-2(「黒の15」製造番号13445)が損傷を受けた。彼は傷ついた機をなんとか飛ばし続け、マイコプ北飛行場に胴体着陸した。彼の機を襲ったのは269.IAPのゲオールギイ・V・ベッソーノフ少尉と思われる。彼はこの日、Bf109の2機編隊の長機を撃墜したとされている。ソ連の情報部は、彼が撃墜した相手はエースであり、「騎士十字章受勲者」であると発表した。

　1年間の戦闘の連続の後、クロアチア中隊のパイロットたちの間では休養と本国への帰還が近いという噂が以前から拡がっていたが、それがやっと実現した。彼らは機材を第52戦闘航空団第Ⅱ飛行隊(Ⅱ./JG52)に引き渡し、11月15日にクロアチアに向かって出発した。この時までに15(クロアチア)./JG52のパイロットたちは延べ3698回出撃した。その内訳は戦闘任務2460回、護衛任務533回、飛行場防空151回、低空攻撃116回、戦闘爆撃65回である。中隊の戦果は確認撃墜164機、確認外撃墜43〜47機——そのうちの14機は後に撃墜の確認があたえられた。人的損害はパイロット4名と地上要員5名が戦死し、パイロット2名が戦闘中に行方不明になった。

chapter 3
再び戦線配備
the second combat tour

　　　　15（クロアチア）./JG52のパイロットたちは東部戦線を離れ、母国で休養したが、それは特に長い期間ではなかった。彼らは1943年2月12日、ザグレブから東部戦線に向かって出発したのである。彼らは途中、ポーランドのクラクフで11機のBf109G-2を受領し、2月18日の正午すぎに4機のグスタフが離陸して悪天候の中をルヴウッフに向かい、その10分後に7機がそれに続いた。

　最初のグループで、この行程をうまく飛んだのは経験が深いフェレンツィナ少佐だけだった。アンティッチ少尉とヴィッツェ少尉は目的地の10km手前で不時着し、ヨシプ・チーピッチ曹長はルヴウッフの北方40kmの地点でBf109G-2「KJ+GB」を胴体着陸させようと試み、失敗して死亡した。しかし、2番目のグループは幸運だった。途中でクロスノに着陸した後、スティプティッチ中尉、ヘレブラント中尉、ベンツェティッチ中尉、ガリッチ少尉、ドゥコヴァッツ少尉、ミヘウチッチ軍曹、バルトゥロヴィッチ軍曹がルヴウッフに到着した。

　中隊の次席指揮官、フェレンツィナは2月21日に6名のパイロットを率いてニコライエフに飛んだ。その時に後に残ったベンツェティッチは、3月4日に部隊に合流した。ミヘウチッチ軍曹は途中着陸地点のひとつ、ウマニに3月13日まで留まらねばならなかった。

　クロアチア中隊が東部戦線を離れている間に、ドイツ国防軍の状況は劇的に大きく変化していた。スターリングラードでの敗戦（そこではクロアチア陸軍の派遣歩兵部隊の多数の将兵が戦死した）後、戦略的主導権は赤軍の手に移った。カフカスでは第1戦車軍と第17軍が後退を続け、4月の末にはクバニ河低地に防御戦を敷いた。今や戦線はノヴォロシイスクからクリムスク、クラスニイ、オクティヤブル、テンリュクへと延びていた。

　航空戦の状況も一変していた。1941～42年に強烈な損害を被った後、ソ連のパイロットたちは今や自信を身につけ始めていた。彼らは優れた戦闘機と爆撃機——その多くは米国と英国から供給されていた——に乗り、戦術についても知識を増していた。しかし、一般的に見て、ドイツ空軍の戦闘機パイロットたちは訓練と機体の性能の上で敵に対して優位を維持していた。今や第VIII航

左から右へ、フェレンツィナ少佐、ジャール中佐、イヴァニッチ少尉。部隊が1943年3月、クロアチアから東部戦線に復帰した直後のタマン飛行場で撮影された。派遣部隊員たちは、3カ月の彼らの不在の間に多くのことが変化したことを、すぐに感じ取った。(S Ostric)

ケルチでの15（クロアチア)./JG52の隊員の宿舎壕。かなり厳しい生活だったことがわかる。隊員たちがさまざまな病気に苦しめられたのは当然のことだった。(S Ostric)

空軍団の主要な任務は、後退してゆく陸軍部隊をできる限り援護することだった。その戦いの相手はソ連の第4航空軍と第5航空軍である。

3月30日、15（クロアチア)./JG52はニコライェフからケルチⅣ飛行場に移動した。戦線上空への最初の出撃はその翌日だったが、あまり好調なスタートにはならなかった。スラヴヤンスカヤ周辺でのフライ・ヤークト任務で出撃したツヴィタン・ガリッチ少尉とアンジェルコ・アンティッチ少尉は、8機のLaGG-3と遭遇し、格闘戦が始まった。経験不十分なアンティッチは長機から離れてしまった。ガリッチがアンティッチのBf109G-2（「白の10」製造番号14824）を見たのは、白い煙を曳いて地面に墜落する姿だった。

中隊の二度目の戦線配備での最初の戦果があがったのは4月1日である。ノヴォロシイスク～スラヴヤンスカヤ～ペトロフスカヤ地区でのフライ・ヤークト行動のために飛んだ4機のグスタフが、LaGG-3 8機を攻撃し、「黄色の6」に乗ったガリッチがルッサホフの上空で1機を撃墜した。

その翌日、中隊はタマンに移動し、7日にはフラーニョ・ジャールがクロアチアから部隊のBf108B連絡機「BD+JG」を操縦して到着したが、滑走路内で停止できず、場外で機体が破損し、彼は軽傷を負った。

4月11日、ガリッチとミヘウチッチのロッテ（2機）編隊がアビンスカヤとメグレリスコイエの間で多数のラタ、MiG、LaGGと交戦し、ミヘウチッチがI-16を1機撃墜した。同じ日、後の時刻に、ニコラ・ヴィッツェ少尉のBf109G-2 製造番号13630が離陸事故で破損し、少尉が負傷した。

4月15日の午後、ドゥコヴァッツとミヘウチッチがクリムスカヤ＝アビンスカヤ地区でのフライ・ヤークトに出撃した。ドゥコヴァッツが帰還後に、この作戦行動の模様をクロアチアの戦場報道記者に次のように語っている。

「我々は高度3500mで最初の戦線の上空に入った。我々は十分に警戒して

フェレンツィナ、ガリッチ、ジャールと、あるドイツ空軍将校が冗談を言い合っている。1943年の春、タマンにて。背景はFi156シュトルヒ連絡機。(S Ostric)

いた。先手を打って敵を攻撃し、不意打ちに成功した方が戦闘の勝利を握ることを十分知っているからだ。空は晴れていて、雲が少し散らばっている程度で、敵機がいる気配はなかった。我々は30分ほど飛び、私は敵機と遭遇する見込みはないと諦め始めた。その時、突然に私は右側、遠くの方にほとんど見えないほどの小さな点々を発見した。途端に私の身体全体に興奮が拡がった。熱病のようだった。私はすぐに無線電話で列機に通報した。

「鋭く舵を切り、我々はその黒点の群れに接近していった。相手の機が赤い星をつけているのを見て、私は嬉しくなった。敵機も我々を発見したらしく、急速に上昇し始めた。生死を賭けた戦い——敵より高い位置につこうとする戦い——が始まった。我々の乗機の高性能のおかげで、我々は見る間に敵より高く上昇した。高度6000mに到達した時、私はヴィクトルに後に続けと指示し、手近な敵の1機への攻撃に移った。敵のパイロットは仲間から、私の機が後方に迫っていると知らされたようだった。彼はさまざまな運動で私を振り切ろうと努めたが、私は敵のすべての動きについてゆき、射撃を始める好機を待った。

「私は後方50mまで接近し、敵機を照準器の真ん中に捉えた。発射ボタンを押し、火器全部の短い連射を浴びせた。曳光弾の線で私の照準が正確なのが分かった。敵はブルーの薄い煙を曳き、味方の領域に降下し始めた。私は敵を照準器に捉え続け、もう一度短い連射を浴びせると、小さな火焔がひとつ噴きだした。私はもう一度射撃し、敵機は炬火のように焔が拡がり、それから突然降下し始めた。私は素速く右に舵を切り、降下してゆく敵機に接近した。驚いたことに、この機は米国製のエアラコブラだったのだ。最近、このあたりの戦線に現れ始めたばかりの型だった」

4月20日、ドゥコヴァッツは離陸が僚機より5分遅れた。この遅れの結果は大きかった。この出撃でLaGG-3 4機と交戦して1機を撃墜したのだが、彼のシュヴァルム（4機）編隊の誰もそれを目撃しておらず、僚機の証言がないためこの撃墜は彼の戦功に加えられなかった。

その日の午後、ドゥコヴァッツは再びガリッチ、ミヘウチッチ、バルトゥロヴィッチとともに出撃した。この4機はノヴォロシイスクに向かうJu87とJu88を護衛して飛んでいる時、黒海の上で25機ほどのソ連の戦闘機と飛行艇に遭遇した。ガリッチはチェトヴェリコフMDR-6双発飛行艇を撃墜したと報告し、その5分後にドゥコヴァッツはLaGG-3を1機撃墜した。悔しいことに、彼のこの日の2機目の撃墜も仲間に見られていなかった。彼が撃墜したのは、その日にこの地域で269.IAPが失った2機のうちの1機であるかもしれない。編隊が基地に帰った時、ミヘウチッチの機は脚が下がらなかったので、胴体着陸した。

翌日、ドゥコヴァッツとガリッチは朝のフライ・ヤークト任務に出撃し、カバルディノフカの周辺でMiG-3の6機編隊を発見した。ドゥコヴァッツは1機を撃墜したが、ガリッチの「黄色の6」が被弾したため、やむなく2機とも引き揚げた。午後の出撃でド

マト・ドゥコヴァッツ（左から2人目）がエアラコブラ撃墜の模様を説明している。お祝いの贈り物のブランデーの包みを開いているが、酒好きが多い彼の中隊ではすぐに空っぽになるだろう。彼以外の人物は左から右へ、ミヘウチッチ、ベンツェティッチ、ヘレブラント、ヴィッツェ、ジャール、フェレンツィナ、ガリッチ、名前不詳の整備員。(S Ostric)

「黄色の6」の前で気楽に並んだ第15中隊のパイロットたち。1943年5月に撮影。左から右へ、ボジダル・バルトゥロヴィッチ、ヨシプ・ヘレブラント、ヴラディミル・フェレンツィナ、フラーニョ・ジャール、ツヴィタン・ガリッチ、ニコラ・ヴィッツェ、マト・ドゥコヴァッツ、ヴィクトル・ミヘウチッチ、リュデヴィト・ベンツェティッチ。(J Novak)

ゥコヴァッツとバルトゥロヴィッチはノヴォロシイスクとゲレンヅィクの間で多数のLaGG-3と戦い、ドゥコヴァッツは2機を撃墜し(1機については証言が得られなかった)、バルトゥロヴィッチも1機撃墜した。しかし、彼らの型式識別は誤っていた。知られている限りでは、その日のLaGG-3の損失は朝のうちの3機だけである。

4月22日の朝、ノヴォロシイスク港内の船舶攻撃の後、ドゥコヴァッツの乗機、Bf109G-2(製造番号13761。この機は1943年11月にフィンランドへ売却され、機番号MT-236となった)はエンジン故障が発生し、彼は不時着陸した。彼はその日のうちに別のグスタフに乗り、ガリッチの列機として再び出撃した。彼らのロッテ編隊は黒海の上空で多数の敵機と交戦し、ガリッチ(「黄色の6」)はMDR-6を1機撃墜し、その5分後にドゥコヴァッツ(「黒の7」)はDB-3を1機撃墜した。

25日の早朝、ガリッチ、バルトゥロヴィッチ(「黄色の14」)、ヴィッツェ(「白の14」)、ドゥコヴァッツのシュヴァルム編隊が出撃し、プリモルスコ・アーティルスカヤ附近の船舶攻撃に向かうHs129とFw190の護衛に当たった。クロアチア中隊の4機は攻撃部隊に協力し、小型船2隻に対する攻撃に加わって撃沈した。その日の午後、ヴィッツェとミヘウチッチはHs129の編隊を護衛して同じ目標地区に出撃した。彼らはカモフラージュ塗装の複葉機2機を地上で発見し、2機とも火焰に包まれるまで銃撃を繰り返した。

2日後、ガリッチ(「黄色の6」)とドゥコヴァッツ(「白の14」)は戦果を重ねた。He111の編隊の護衛に当たっている時に、クリムスカヤとアビンスカヤの間で迎撃してきたLaGG-3を2機撃墜したのである。バルトゥロヴィッチ(「黄色の14」)も数分後にLaGGを1機撃墜した。

4月の最後の日、フライ・ヤークトに出撃したガリッチとドゥコヴァッツは再びLaGGの群れと交戦した。ドゥコヴァッツは戦闘中に僚機を離れ、イェリサヴェティンスカヤの東方で戦闘機1機を撃墜したが、この戦果はガリッチに

視認されなかった。

1943年5月の初めまで、ドイツ軍は防御線——レニングラード、スモレンスク、リルスク、ハリコフ、タガンログ、そしてアゾフ海に至る——を着実に維持していた。赤軍がその線を突破しようとすると強力な抵抗を受け、わずかな前進に対してもドイツ軍は高価な代償をむしり取った。しかし、ソ連軍の予備兵力は膨大であり、新たな航空機、戦車、兵員を大量に次々と戦線に投入してきた。

5月1日、ドゥコヴァッツ少尉は小型の船を1隻撃沈し、その翌日はヘレブラント、ガリッチ、ミヘウチッチとともにドイツ空軍のHe111の編隊の護衛に出撃した。迎撃してきた2機のLaGG-3は、いつもの「黄色の6」に乗ったガリッチと「黒の9」のドゥコヴァッツが撃墜した。いずれも目撃証言は得られなかったが。

5月3日はクロアチア中隊のパイロットたちにとってラッキーな日だった。5機撃墜の戦果をあげたのである。この日もドゥコヴァッツが最初の戦果をあげた。彼らの編隊が0830時にクリムスカヤ附近でLaGG-3の4機編隊に遭遇し、彼が1機を撃墜したのである——しかし、ソ連側にはこの戦闘でのLaGG損失の記録はない。その日の二度目の出撃はガリッチ(「黄色の6」)とミヘウチッチが飛び、やはり波乱のある場面が展開された。最初は第57親衛戦闘機連隊(57.GIAP)のスピットファイア3機とLaGG-3 2機との決着のつかない戦闘であり、その間にミヘウチッチの乗機は右の翼を機関砲弾に貫通された。それから5分後に、彼らはDB-3 14機、Iℓ-2とIℓ-2M3 7機、戦闘機16機の大編隊と遭遇した。そこで始まった戦闘は短時間であったが、ガリッチはIℓ-2M3、ミヘウチッチはIℓ-2を各々1機撃墜した。

午後に入って、Hs129対戦車攻撃機の編隊を護衛していたガリッチとドゥコヴァッツは、ノヴォバハンスコイエの周辺でIℓ-2 7機と戦闘機6機の敵編隊を発見して攻撃した。ガリッチは戦闘機1機、ドゥコヴァッツはIℓ-2 1機を撃墜したが、この戦闘でガリッチの「黄色の6」は損傷を受け、タマン飛行場にやっと帰り着いて緊急着陸した。

5月4日、15.(クロアチア)./JG52のパイロットのひとりが帰還しなかった。He111の編隊の護衛に当たるために0820時に3機が出撃したが、ベンツェティッチはエンジントラブルのために早い時期に基地に引き返し、ドゥコヴァッツはヴァレニコフスカヤの附近に不時着した。ミヘウチッチ曹長はソ連の戦闘機と遭遇したと判断されるが、彼も彼のBf109G-2(「黄色の9」製造番号13516)もともに消息不明になった。この日、ソ連軍はクリムスカヤの支配権を奪還した。

5月5日、ドゥコヴァッツとバルトゥロヴィッチがLaGG-3 7機編隊を攻撃し、各々2機を撃墜した。夕刻のシュトゥーカ護衛の出撃で、ドゥコヴァッツは彼のこの日の3機目の戦果——やはりLaGGだった——をあげた。

この2人は6日にも腕前を発揮した。この日の最初の出撃でJu88編隊を護衛して飛んでいる時、ベンツ

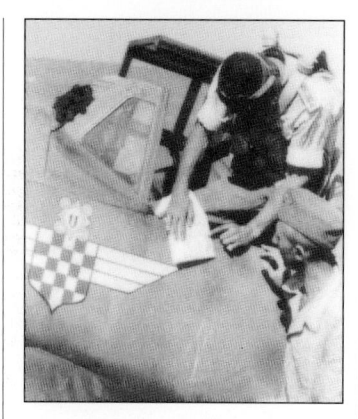

再度の出撃の離陸を目の前に、地図の最後のチェックを行っているヴィクトル・ミヘウチッチ曹長。1943年春の初め。2機撃墜の戦績をもつ彼は、1943年5月4日、数的に優勢なソ連戦闘機との空戦で、敵に圧倒されて戦死した。(S Ostric)

15(クロアチア)./JG52のBf109G-2「黄色の12」。1943年春、ケルチにて。次の出撃に備えて野外の整備ランプで点検を受けている。15機撃墜のエース、リュデヴィト・ベンツェティッチが5月6日に、この機でYak-1を撃墜した。(S Ostric)

エティッチとバルトゥロヴィッチは機種が混じった敵の編隊に襲われ、後者はうまくLaGG-3 2機を撃墜し、ベンツェティッチ(「黄色の12」)はYak-1 1機を仕留めた。夕刻にもシュトゥーカ護衛の仕事があり、この時も毎度お馴染みのLaGG-3の一群と遭遇し、ドゥコヴァッツとバルトゥロヴィッチは1機ずつ撃墜した。

5月8日、「黒の2」に乗ったドゥコヴァッツは、Fi156シュトルヒ1機の護衛に当たっていて、1115時にLaGG-3 1機を撃墜した。その2分後、彼の列機の位置についていたボジダル・バルトゥロヴィッチもLaGG 1機を撃墜した。これは彼の東部戦線での最後の戦果となった。この報告に対して、ソ連側の記録では第926戦闘機連隊(926.IAP)はLaGG 1機を失った——時刻と地点は不明——だけである。

5月12日には新しいパイロットがタマン基地に到着した。元ユーゴスラヴィア王国空軍(VVKJ)の戦闘機パイロット、ボグダン・ヴィチッチ中尉、ニコラ・チヴィキッチ中尉、ジーヴコ・ジャール軍曹である。この3名は1943年2月にフランスのラ・ロシェルにある2./EGr Ost(東部訓練飛行隊第2中隊)に送られ、3月末にクロアチアにもどって部隊配属を待っていた。移動命令が下された時、前年に東部戦線で戦った古参パイロット5名が彼らと一緒になった。スタルツィ中尉、ボスキッチ少尉、カウズラリッチ少尉、マルティナシェヴィッチ軍曹、ミシッチ伍長である。数回の慣熟飛行の後、カウズラリッチを除いた全員が実戦出撃可能と判断された。

5月13日、ガリッチは危うく最悪の事態を免れた。彼のBf109G-2(製造番号13642)が着陸の際に車輪の故障で地面に激突し、大破して廃棄処分されたのである。その2日後、ジャール中佐が出撃したが、これはこの時期で彼の唯一の実戦出撃だった。彼の弟、ジーヴコの初出撃の編隊の先頭に立っていたのである。ガリッチ、ドゥコヴァッツとともにJu88の護衛任務につき、何事もなく無事に帰還した。

その1週間後、ジャールはクロアチア航空兵団(HZL)全体の指揮官に任じられた。部隊拡大の準備のために、フェレンツィナ少佐が第10戦闘機中隊(10.ZLJ)の指揮官に任命され、スティプティッチの指揮下で11.ZLJが復活された。ジャールの後任の第4空軍戦闘機飛行隊(4.ZLS)の指揮官には、第104戦闘航空団(JG104)で訓練を修了したばかりのイヴァン・チェニッチ少佐——経験はもっていないが、「信頼できる」パイロット——が任命された。

5月24日、チヴィキッチ大尉のBf109G-1(製造番号14032)がエンジン火災を起こし、タマンの東15kmの原野に不時着し、ボスキッチ少

15(クロアチア)./JG52のグスタフ。機番は不明。エンジンカバーは横開きにされ、大忙しの整備員が作業にかかるのを待っている。1943年の春、タマン飛行場。「クロアチア部隊のスピナー」に注目されたい。先端が白、次が赤のリング、その後方がブラックグリーン(RLM70)のリングである。(S Ostric)

ジャール中佐(左手を前に突き出している)とフェレンツィナ少佐(ジャールの陰にかくれている)は、部下の報告を聞くよりも部隊の飼い犬に気を取られているようだ。報告にきたヴィッツェ少尉とバルトゥロヴィッチ軍曹(画面の右端)は気をつけの姿勢をとり、敬礼しているのに。(S Ostric)

尉のグスタフがタマン飛行場での片脚着陸によって破損した。

翌25日、シュトゥーカの1個飛行隊を護衛していた4機が、テムリュクの南東方で57.GIAPのスピットファイアV 4機の攻撃を受けた。この戦闘で1600時にソ連機2機が撃墜された。1機は「黒の7」に乗ったドゥコヴァッツ、もう1機は「黄色の6」に乗ったガリッチの戦果である。ソ連側の記録の中でこれに当たると思われる損失は、1645時にスヴィステルニコヴォ附近に不時着したスピットファイア1機——Fw190 1機と交戦した後の不時着といわれている——のみである。チヴィキッチはこの日も2日連続で不時着した。この日の原因は乗機が戦闘で損害を受けたことだったのだが。

クロアチアの2つの中隊は5月26日も戦った。最初の2回は結着のつかない戦闘だったが、その後に4機のグスタフがJu87を護衛して飛んでいる時、クリムスカヤの北西で15機ほどのスピットファイア、LaGG、シュトルモヴィークと遭遇して始まった3回目の戦闘では、ベンツェティッチがスピットファイア1機を撃墜した。

27日のフライ・ヤークト出撃では、チヴィキッチ(「黒の8」)、ガリッチ(「黄色の6」)、ドゥコヴァッツがトラレホフの西方でLaGG-3の8機編隊をうまく奇襲した。3人は各々1機を撃墜したが、ドゥコヴァッツの戦果は僚機に視認されずに終わった。翌30日にはクラスノダル爆撃に向かう40機のHe111を護衛する出撃で、ドゥコヴァッツはLaGGをもう1機撃墜した。これは部隊の5月の最後の戦果となった。この日、戦闘出撃には不適と判断されていたトミスラヴ・カウズラリッチ准尉は本国に送り返された。

ソ連空軍はクバニ地区上空での航空戦で膨大な損害(ドイツ側によれば2000機以上が撃墜された)を被った後、6月の初めにはその打撃からの回復を図っていた。南部の戦線上空の作戦行動は明らかに減少していたが、それでも時には衝突が発生した。6月5日、フライ・ヤークト索敵中の5機がクリムスカヤ地区でLaGG-3 2機を発見した。ガリッチはこの2機を撃墜したが、そのうちの1機には確認があたえられなかった。

翌6日、ガリッチ(「黄色の6」)とジーヴコ・ジャール(「黄色の1」)が護衛の任務で黒海上空を飛んでいる時、Pe-2 2機、Iℓ-2とIℓ-2M3 4機、Yak-1 6機が現れた。そこで空戦が始まり、派遣部隊指揮官の弟は彼の唯一の戦果となるYak-1 1機を撃墜した。しかし、この戦果には別の大きな意味があった。これは部隊の200機目の撃墜だったのである。この数字は確認撃墜のみであり、確認外撃墜は含まれておらず、後者の中には後に確認撃墜に切り換えられたものもある。

その日の午後にガリッチは、ソ連軍の砲兵陣地の写真撮影に向かう近距離偵察飛行隊(NAGr9)のグスタフ偵察機の護衛に出撃し、LaGG-3 1機をスコアボードに加えた。

6月9/10日の夜、Po-2の夜間空襲でイヴァン・セケレシュ軍曹が戦死した。彼は部隊のクレムKℓ35連絡機のパイロットだった。

ヴラディミル・フェレンツィナ、ボグダン・ヴイチッチ、ニコラ・チヴィキッチの3人が並んだ写真だが、この撮影の翌日、1943年5月14日、ヴイチッチはソ連側に脱走した。チヴィキッチも1カ月後に彼と同様に脱走した。(S Ostric)

脱走
Desertions

　クロアチアの戦闘機パイロットたちの間で、ドイツ空軍に対する忠誠心にひび割れが現れ始めたのは、二度目の東部戦線派遣の期間に入ってからのことである。1943年4月にラ・ロシェルの2./EGr Ost(東部訓練飛行隊第2中隊)に送られた元ユーゴスラヴィア王国空軍(VVKJ)の戦闘機パイロットのうちの8名が、意図的に身体検査不合格となった。残った4名、イヴァン・チェニッチ少佐、ユレ・ヤンコウスキ少佐、アルセニイェ・イコニイコヴ大尉、カルロ・センチッチ少尉は訓練修了後に、次の訓練のためにJG104に送られた。

　その後、5月14日にアウビン・スタルツィ中尉とボグダン・ヴイチッチ中尉がBf109G-2(「黄色の11」製造番号14545と「白の2」製造番号13485)に乗り、クリムスカヤ地区でのフライ・ヤークト行動に出撃した。彼らは敵戦闘機と交戦していると無線電話で報告してきたが、実際にはその時にはすでに、クラスノダルの北東、ビイェラヤ・グリーナのソ連空軍の飛行場に着陸していた。

　この2人は以前から脱走を計画していた。スタルツィは前年の冬にクロアチアに帰還するとすぐに、クロアチア独立国空軍(ZNDH)内の共産党の活動家と接触した。彼はその時期がきた時に備えて、ソ連側に無事に受け入れてもらうための合い言葉を知らされていた。

　ヴイチッチも共産党のシンパサイザーだったが、もうひとつ、これまでの忠誠心を捨てる理由をもっていた。彼はセルビア人であり、彼の家族は1941年のウスタシャによる大量殺戮の難に遭った。彼も投獄されて死刑執行を待っていたが、大戦前の士官学校の同級生、ヴラディミル・クレーン(その時、ZNDHの最高司令官になっていた)が彼の苦境を知り、釈放の運動をしてくれた。その結果、彼はセルビア正教からカトリックに改宗することを条件として釈放され、彼の友人の計らいによってZNDHに入ることができ、クロアチア航空兵団(HZL)が編成された時にそのメンバーになった。HZLの中では爆撃機の部隊、第53爆撃航空団第15(クロアチア)中隊(15(Kroat)./KG53)の指揮官に任じられ、1942年の派遣期間一杯勤務し、その後に戦闘機パイロットに転換した。

　ドイツ軍は間もなく、パイロットが姿を消したことの真相を探り出した。クロアチア軍の上層部はそれを信じることを拒否し、ザグレブに建てられた記念碑に2人の名前も刻まれたのだが。

　6月15日に次の脱走が発生した。チヴィキッチ、ドゥコヴァッツ、ガリッチ、マルティナシェヴィッチの4名が緊急出撃したが、チヴィキッチは5分後に帰って来て、彼のBf109G-2「黄色の2」(製造番号14205)のプロペラピッチが不調だと報告した。間もなく彼は再び離陸したが、帰還しなかった。スタルツィ、ヴイチッチの2人と同じく、彼はビイェラヤに着陸

クロアチア独立国空軍(ZNDH)司令官、ヴラディミル・クレーン将軍――その横で注意深く目を光らせているのはジャール中佐――に状況報告する4名の将校、チヴィキッチ大尉、ドゥコヴァッツ少尉、ガリッチ少尉、ベンツェティッチ中尉。1943年5月。
(J Novak)

したのである。クロアチア籍のセルビア人であるニコラ・チヴィキッチ大尉は、セルビア人がクロアチア独立国内で生き残るための唯一の途としてセルビア正教からカトリックに改宗していた。彼は大戦後のユーゴスラヴィア空軍で高い地位についた。

　この脱走の連続にドイツ人は怒り立った。ただちにドイツ航空省(RLM)は残っているクロアチア人パイロットの飛行停止を命じ、ジャール中佐を至急にシンフェロポリに呼び出して事情聴取した。クロアチア部隊は戦線から引き揚げられ、6月20日までに「信頼できる」パイロットによって10回の出撃が行われただけだった。クレーン将軍はフラーニョ・ジャールをHZLの指揮官から解任し、パヴァオ・シッツ中佐を後任とした。

　しかし、それでも、もう一度だけ脱走が発生した。7月20日、シンフェロポリからニコライェフへの連絡便のクレムKℓ35「CI+SF」製造番号3279を操縦していたニコラ・ヴィッツェ少尉が、地上要員、ヨシプ・ウスリェブルク軍曹とともに、黒海を横断してトルコに脱出したのである。

　脱走者を除いて、二度目の東部戦線派遣期間のパイロットの損失は4名だった。一方、この3カ月足らずの期間に15(クロアチア)./JG52は確認撃墜37機、確認外撃墜9機(そのうちの5機は後に確認撃墜とされた)、地上での破壊2機の戦果をあげた。これらの戦果の大部分は3名のパイロットがあげたものである。ボジダル・バルトゥロヴィッチが8機、ツヴィタン・ガリッチが10機プラス確認外撃墜2機、マト・ドゥコヴァッツが14機プラス確認外撃墜6機(そのうちの5機は後に確認をあたえられた)である。ドゥコヴァッツの活躍は最も目立っており、毎日のように彼は射撃の腕前と自然に身につけた戦闘機パイロットとしての技量の全てを発揮した。

　ガリッチを除いては、1941〜42年の時期以来戦ってきたベテランの大半は、戦果を重ねることよりも生き残ることに力を傾けた。スターリングラード攻防戦の後、枢軸国が大戦の勝者になり得ないことは明らかになっていった。フラーニョ・ジャールは酒に救いを求め、酔っていない時間は珍しいほどだった——二度目のロシア派遣の間に彼の実戦出撃は1回だけである。彼の下の次席指揮官、ヴラディミル・フェレンツィナは4月中に16回出撃したが、それ以降は飛ばなくなった。ズラッコ・スティプティッチは幕僚業務に忙殺され、時々連絡便のKℓ35やBf108を操縦するだけだった。ヨシプ・ヘレブラントは33回出撃し、勝負のつかない空戦に参加したこともあった。リュデヴィト・ベンツェティッチは35回出撃し、確認撃墜1機、確認外撃墜1機の戦果をあげた。サフェット・ボスキッチ少尉とスティエパン・マルティナシェヴィッチ軍曹は1943年の初めに部隊に再び配属され、部隊の戦線活動期間中に各々46回と44回出撃したが、戦果をあげることはできなかった。

　RLMは、この部隊のパイロットたち(ドイツ人は彼らを「ユーゴ人」と呼んでいた)は年齢が高すぎ、同時に信頼できないと考え、再び前線にもどさなかった。この部隊が再び戦闘に参加したのは、この時期にまだドイツで訓練を受けていた若いパイロットたちが、一人前になって部隊に配属された後のことである。

chapter 4

同じ任務、新しい隊員たち
same tasks, new men

　1941年の夏の間にクロアチア独立国空軍(ZNDH)はパイロット訓練志望者を募集すると発表した。多くの応募者の中から選抜された40名は9月にボロンガイ飛行場に集められ、翌月から第1下士官訓練飛行中隊(1.DPJ)での訓練が開始された。この部隊はドイツ空軍の基礎飛行学校A/B123のクロアチア内の分校だった。

　1年後、ふるい落としに残った訓練生はドイツ空軍のA/B123本体に移動し、1943年3月8日にパイロット基礎訓練を修了した。それから訓練生21名は戦闘機パイロット訓練を受けるためにフュルトのJG104に送られた。訓練

第1下士官訓練飛行中隊(1.DPJ)の教官(着席している)と訓練生。1942年1月、ボロンガイ飛行場で撮影された訓練コースの記念写真。1.DPJのメンバーのうちの5名──マルティンコ、アヴディッチ、クラニッツ、ガザビ、クレース──は15(クロアチア)./JG52で戦い、エースになった。(Authors)

訓練では事故は珍しくなかった。この軽い事故では、フェルト・ギウデルマン訓練生がこの不運なゴータGo145の固定脚を吹っ飛ばしてしまった。1942年秋に撮影。(Authors)

ヴラディミル・クレース伍長（左端）と彼の中隊の指揮官、44機撃墜のエース、マト・ドゥコヴァッツ中尉（右端）。1943年11月のある日、出撃から帰還した時の場面。クレースは8機撃墜（そのうちの6機は確認戦果）の戦績をあげ、1944年3月11日には15（クロアチア）./JG52の唯一の戦闘出撃可能なパイロットになっていた。彼以外の者はすべて戦死したか、病院に収容されていた。(Authors)

は4月1日から9月15日までだった。その間、7月の半ばにクロアチア東部戦線派遣部隊での経験が最も高いパイロット数名が彼らのコースに参加し、航空戦闘の知識と経験を訓練生に教えた。

訓練生12名は10月1日にコースを修了し、3回目の東部戦線派遣期間に入る15（クロアチア）./JG52の要員になるように計画されていた。そこで、第2下士官訓練飛行中隊（2.DPJ）の2名のパイロット、スカルダとマルタンが彼らと一緒になった。この2人はやや遅れて訓練を始めたが、十分に実戦に出る力があると判断された。

10月21日、新任の飛行中隊長、マト・ドゥコヴァッツ──最近、中尉に進級していた──が隊員を率いてニコライェフに到着した。隊員はエドゥアルド・マルティンコ軍曹、デシミル・フルティノヴィッチ軍曹、ズデンコ・アヴディッチ伍長、ヨシプ・クラニッツ伍長、ドラグティン・ガザピ伍長、ヴラディミル・クレース伍長、イヴァン・バルティッチ伍長、アウビン・スヴァル伍長、ヴラディミル・サロモン伍長、ヨシプ・イェラチッチ伍長、ズヴォニミル・ライテリッチ伍長、イヴァン・シロラ伍長、ボリスラヴ・スカルダ伍長、チューロ・マルタン伍長の14名である。彼らはBf109G-4とG-6合計8機を受領し、ケルチ半島の東端にあるバゲロヴォ飛行場に進出した。中隊の初出撃は10月26日である。

滑り出しは好調とはいえなかった。29日にドゥコヴァッツが撃墜の口火を切った。ケルチの南でLaGG-3 3機と交戦し、1機を海上に叩き落としたのである。しかし、その日、部隊は最初の人的損害を出した。ズヴォンコ（ズヴォニミルの短縮形）・ライテリッチ伍長のBf109G-4（製造番号19494）が離陸時に失速に陥って墜落し、彼は死亡した。その翌日、ドゥコヴァッツはシュトルモヴィークとLaGG-3を各1機撃墜して戦績を伸ばした。

10月の最後の日、ガザピが初戦果をあげた。彼が撃墜したLaGG-3はバゲロヴォ飛行場から見える距離の海面に墜落した。それから間もなく、シュトルモヴィーク3機がケルチを攻撃しているとの通報があり、ドゥコヴァッツは単機で離陸し、攻撃を打ち切って離脱しようとしている3機と交戦した。彼は帰還後に戦闘の模様を特派員に次のように語った。

「私は編隊の最後尾の1機を選び、後方から接近した。機銃手は私の機に気づいて狂ったように激しく撃ち始めた。しかし、気づいたのは遅すぎた。私は敵機のすぐ後ろに接近していたので、敵の尾翼が私を護る盾と同様になったのだ。彼の仲間は後方で何が起こっているのか気づいていないようだった。私は狙いをつけてトリガーを押し、短く射撃した。敵の機銃は沈黙した。私がもう一度撃ち込むと、敵機は火焔を激しく噴き、地面に向かって急降下していった。私は戦果をあげて良い気分になった。しかし、それは長くは続かなかった。

「残った2機のパイロットが、奴らの仲間が墜落するのを見たらしく、私の機に向かって降下に入り、接近してきて射撃し始めた。私はやられるかと思っ

15（クロアチア)./JG52の三度目の戦線配備で最初の死者は、ズヴォニミル・ライテリッチ伍長である。彼は1943年10月29日、バゲロヴォ飛行場で離陸の途中、彼のBf109G（製造番号19494）が転覆して事故死した。このベテランのグスタフは以前、13（スロヴァキア)./JG52で使用されていた。(J Novak)

た。しかし、敵の照準の腕はヘボだった。恐ろしい量の銃弾が私の機の両側と下を流れていった。攻撃に出たいと思ったが、私は海面すれすれだったので駄目だった」

ドゥコヴァッツの獲物はケルチ南の海面に墜落し、ドイツ陸軍の監視哨に視認された。

1943年11月1日はクロアチア航空兵団(HZL)が東部戦線で最も大きな戦果をあげた日となった。エドゥアルド・マルティンコは彼の最初の実戦に出撃し、夜明け時にPe-2 1機撃墜を報告した。その10分後、マト・ドゥコヴァッツがケルチの南方でIℓ-2M3 1機を撃墜し、それから7機のエアラコブラとの空戦があり、ドラグティン・ガザピがその1機を撃墜した。しばらく後にヨシプ・クラニッツがLaGG-3 1機を撃墜し、それにすぐ続くようにマルティンコがIℓ-2を「射止め」た。ガザピもLaGG-3 1機を撃墜し、午後にはこの日の3機目のIℓ-2がマルティンコによって撃墜され、彼の列機、ヴラディミル・サロモンはLaGG-3 1機撃墜に確認をあたえられた。夕暮れ近くにドゥコヴァッツがIℓ-2の4機目を、ズデンコ・アヴディッチがその5機目を撃墜した。そしてエドゥアルド・マルティンコが部隊のこの日の最後の戦果をあげる栄誉を担った。彼はこのエアラコブラ撃墜によって、彼の個人スコアをその日のうちにゼロから4機にまで高めたのである。15（クロアチア)./JG52の11月1日の合計戦果は実に11機に達した。

翌日の午後、ドゥコヴァッツはバゲロヴォ飛行場の上空でシュトルモヴィーク3機を迎撃し、1機を撃墜した。一方、ガザピはドイツの爆撃機編隊を護衛してケルチ上空を飛んでいる時、4機のIℓ-2と交戦し、1機を仕留めることができた。その戦闘で彼のBf109G-4（製造番号19543)は護衛のエアラコブラ数機の射弾を受け、彼はバゲロヴォに胴体着陸せねばならなかった。

その日、マルティンコは「時代物」のI-153チャイカ1機を撃墜し、これによって彼は「エース」の仲間に入った。彼の5機撃墜は全部、48時間のうちの戦果だった。それと同じ頃、ケルチの南方でドゥコヴァッツが7機のIℓ-2M3、3機のエアラコブラと交戦した。彼は素速くシュトルモヴィーク1機を撃墜したが、米国製の戦闘機に襲いかかられ、乗機は蜂の巣のように被弾した。このため彼はマリエンタルの近くに胴体着陸し、無事に機外に脱出したが、彼のBf109G-4（製造番号19513。以前にJG52のスロヴァキア中隊に配備され、同中隊のトップエース、ヤン・レヅナクが使用した)は大破した。

ズデンコ・アヴディッチもLaGG-3を2機撃墜する活躍ぶりを見せ、ヨシプ・クラニッツがLaGG-3の3機目を撃墜した。

この日には多数の戦果以外に、もうひとつ注目すべことがあった。ドイツ空軍最高司令官ゲーリング国家元帥が命令を出し、それには「フラーニョ・ジャール中佐は航空団司令(ゲシュヴァーダーコモドーレ)の職位につき、ただちにHZLの指揮をとれ」と指示されていた。

11月6日、ガザピとバルティッチがマリエンタルの上空で各々1機の

LaGG-3を撃墜した。しかし、翌日にはヴラディミル・サロモン伍長がアゾフ海上空でエアラコブラとLa-5の群れと交戦し、乗機（Bf109G-6 製造番号20039）から落下傘降下せねばならなくなった。彼は海岸から2km足らずの海面に降下したが、凍るような海水の中ですぐに死亡した。マルティンコは12日に危うく戦死を免れた。彼の乗機（Bf106G-6「赤の9」製造番号19680）が味方の対空射撃で損傷し、ケルチから6kmの地点に胴体着陸したのである。一方、それと同じ出撃でドゥコヴァッツは戦闘機8機と爆撃機5機を相手にして戦い、DB-3 1機を海上に叩き落とした。

　その翌日、クロアチア部隊はもっと大きな戦果をあげた。早朝のケルチ東方でのパトロール中に、アヴディッチとクラニッツは各々2機を撃墜した。2時間後のケルチ上空での迎撃戦でLaGG-3をマルティンコが2機、ガザピが1機を撃墜した。ほぼ同じ時刻、Fw189偵察機1機を護衛していたアヴディッチとクラニッツは戦闘機4機に襲われ、この戦闘で後者が2機、前者が1機を撃墜した。この撃墜はすべて、Fw189の乗員によって確認された。この2人のこの日の「獲物」の合計はソ連の戦闘機7機に及んだ。クラニッツがLaGG-3、Yak-1、La-5、エアラコブラ各1機、アヴディッチがLa-5、Yak-1、エアラコブラ各1機である。この2人は翌日にも、アゾフ海の上空でJu87の編隊の護衛に当たっている時に、エアラコブラを各々1機撃墜した。

　クロアチア中隊は11月15日にカランクト飛行場に移動し、4日後にドゥコヴァッツとアヴディッチが各々1機のLaGG-3を撃墜した。21日、Bf109G-6「白の13」（製造番号18497）で出撃したズデンコ・アヴディッチは、始まってから間もない戦線での活動を早々と終わらせなければならない状態に陥った。彼はその時の状況を次のように語っている。

「我々がシュトゥーカの編隊を護衛して飛んでいる時、LaGG-3 2機が攻撃しようと接近してきた。ドゥコヴァッツは素速く先頭の1機を撃墜し、私は2番機を追っていった。私は太陽を背にして、後下方から敵機を攻撃した。LaGG-3はスピンに陥って降下し、地面に墜落した。我々の燃料は少な目になっていたが、ドゥコヴァッツはもうしばらく戦線上空に残ろうとした。

「その時、私は後方から急速に接近してくる4機のLaGG-3を発見した。このような状況の下での我々のいつもの回避運動は、グスタフの優れた上昇性能を利用するために、操縦桿を引くことだった。我々のこの戦術に対応するため、敵はいつも2機編隊を1000mの高度差で数段に配置していた。

「突然、私の機のコクピットの中で恐ろしい爆発が起き、私は左腕に激痛を感じた。私は大混乱に陥った。速度を抑えようとしたが、私の左手はいうことを聞かない。恐怖が身体中に走った。私の左手は腕から切り離されていたのだ。指はスロットルを握ったままだった。その指を外さなければならない。私は両脚で操縦桿を抑え、力の限りを尽くして右手を使った。出血は激しく、目の前が薄暗くなってきた。本能的だったのだろうか、私はグスタフが自然に飛ぶのに任せた。機はうまく滑空してゆき、戦線の後方8kmほどの味方地区に着陸することができた。ドイツ軍の擲弾兵数名が駆けつけて私を野戦病院に運んでくれた」

　ドラグティン・ガザピ伍長はそれほど幸運ではなかった。11月27日、彼はエアラコブラ1機の攻撃を受け、彼のBf109G-6（製造番号19475）は火を噴いて墜落した。翌日にもP-39は戦果をあげた。クレース伍長のBf109G-4（製造番号19208）が被弾し、彼は損傷した機をカランクト飛行場に不時着

させたのである。

　11月の末には天候が悪化してきて、1944年2月まで作戦行動は大幅に減少した。12月と1月の間、時たまの出撃はあったが、その間の損害に対応するだけの戦果はあがらなかった。12月6日、ドゥコヴァッツはバゲロヴォ周辺でシュトルモヴィークを2機を撃墜した。彼の確認撃墜の30と31機目である。

　12月21日、クロアチア中隊の2名が撃墜された。そのうちのひとり、イヴァン・バルティッチ伍長はその日の回想を語っている。

「私がクラニッツと組んで飛んでいる時、数え切れないほどのエアラコブラの大群の攻撃を受けた。逃げ道はない。戦わなければならなかった。まわりはロシア機で一杯だった。私はクラニッツの機を見失った。私は36回出撃して4機撃墜の実績をもっていたが、これほど酷い劣勢での戦いは初めてだった。1機のエアラコブラがこちらに向かってきた。私とその敵機とは真正面に向き合い、射撃し始めた。私は耐えきれなくなって機首を上げた。そこで奴の銃弾が私の機に命中した。奴の機がすれ違って上昇してゆくのが見えた。エンジンから煙を曳いて。私の機は震動し始め、煙を噴いた。落下傘降下するのには高度が低すぎたので、ケルチの近くに胴体着陸した。激しい速度で接地し、機体は転覆して、私は背中をひどく傷めた。この負傷の治療には長い期間が必要だった。いずれにしても、私のロシア戦線での飛行勤務はこれで終わった。私は相手の機に命中弾をあたえたと申告したが、墜落を視認していないので撃墜不確実と判定された。後で聞いたことだが、クラニッツは戦死していた」

　実際には、クラニッツはこの戦闘から何とか無傷で脱出した。しかし、次の出撃では彼は幸運に見放された。彼とヴラディミル・クレースはひどい気象状態の中で天候偵察に出撃した。燃料残量が少なくなったので、クラニッツは地上を視認して機の位置を確かめるために、雲の中に降下していった。しかし、彼は高度の判断を誤って、ペレコプ附近で地上にまっすぐに突っ込んでしまった。

　1944年1月の初めに、12機撃墜のエース、エドゥアルド・マルティンコ軍曹がBf109Gのフェリー飛行の途中、ウマニの近くで墜落して重傷を負った。新年の初戦果は1月12日にドゥコヴァッツがあげた。Yak-1 1機撃墜である。そして24日には、クレースがエアラコブラ1機を撃墜し、翌日にはイェラチッチがLaGG-3 1機を仕留めた。クレースとスヴァルは28日にLaGG-3を各々1機撃墜し、2月10にも2人並んで同じ戦果をあげ、スコアを延ばした。

　それから15日後、クロアチア中隊は重大なショックを受けた。飛行中隊長である高位エース、マト・ドゥコヴァッツが一時不在になったのである。2月25日の彼の初回の出撃で、彼と列機、クレースは各々Yak-1 1機を撃墜した。2回目の出撃で、彼と列機のアウビン・スヴァルはYaK-9 2機、エアラコブラ1機と遭遇し、彼はYak 1機を撃墜（確認外だったが後に確認をあたえられた）した後、

1943年11月28日、クレース伍長はソ連のエアラコブラとの戦闘の後、不時着陸した。クロアチア航空兵団（HZL）の古参のパイロットたちの大半は、エアラコブラが東部戦線で最も手強い相手だと考えていた。(J Novak)

P-39も撃墜した。一方、彼の列機はもう1機のYakを叩き落とした。そして彼の5回目の出撃で、ドゥコヴァッツはエアラコブラ数機との交戦で被弾し、バゲロヴォに胴体着陸した。彼のBf109G-6（「黒の1」）は高速で接地したために機体は大破して廃棄され、彼は背中と背骨に負傷した。

ドゥコヴァッツはドイツ軍の野戦病院に収容された。そこではPo-2による夜間攪乱爆撃を一度受けたが、無事に生き延び、10日後に歩けるようになるとすぐにカランクト飛行場にいる彼の部隊に帰ってきた。その時までにクロアチア中隊では人員損耗が進み、出撃可能なパイロットは3名になっていた。

3月10日には状況はもっと悪化した。アウビン・スヴァル伍長が日常的に行われているテスト飛行で墜落し、死亡したのである。その翌日、残ってい

アウビン・スヴァル伍長と彼の乗機Bf109G-5「黒の5」（製造番号15770）。この機は1943年11月25日に戦闘で損傷し、彼は不時着せねばならなかった。スヴァルは確認撃墜3機、確認外2機の戦果をあげた後、1944年3月10日、オタリー附近でグスタフのテスト飛行作業中に事故死した。
(Bundesarchiv via D Bernad)

このIMAM Ro41練習戦闘機は、第2下士官訓練飛行中隊（2.DPJ）の訓練生が訓練を受けたモスタルのイタリア空軍飛行学校で使用されていた。
(Authors)

2.DPJの訓練生とイタリア人の教官（中央）。背後の機はSAIMAN200初歩練習機。1942年の夏、モスタル飛行場にて。(Authors)

る2名の飛行可能なパイロットが15（クロアチア）./JG52の大戦での最終回出撃に飛び、ヴラディミル・クレース伍長がエアラコブラ1機を撃墜した。これはこの部隊の285機目の確認撃墜となった。その後、確認外撃墜のうちの12機が公式に確認撃墜に切り換えられたが。

　3月12日には中隊のパイロットがもう1名減った。デシミル・フルティノヴィッチ軍曹が腎臓機能障害のために病院に収容されたのである。飲料水の質の悪さが原因となるこの疾病は、クリミア半島に配備された将兵の間に拡がっていた（もうひとつ、多発していた病気は肝炎だった）。

　新人パイロットを補充することが考えられていたが、ドイツ航空省（RLM）はこれだけ人員が損耗した部隊をこれ以上戦線に残すのは無駄であると判断した。残っているパイロットと地上要員の帰国移動は3月15日に始まり、4月1日までには大半の者がザグレブに到着した。連絡任務の分遣班はニコライェフに残ったが、間もなくオデッサ、次にヅィリステアへと移動した。

　この時までの5カ月の戦闘の結果は気が滅入るものだった。確認撃墜68機、確認外撃墜17機（そのうちの9機は後に確認撃墜とされた）の戦果をあげたが、パイロットの損耗は死亡5名、重傷4名、罹患5名に達し、補充は実施されていなかった。

　15（クロアチア）./JG52がドイツ空軍に編入されてロシア戦線で戦っている間に、クロアチアでは戦闘機パイロットの別のグループが編成され、訓練が行われていた。1941年に志望者の中から80名が第2下士官訓練飛行中隊（2.DPJ）のパイロット訓練生として採用され、モスタルでイタリア人教官による訓練が開始された。彼らは2つのグループに分けられ、最初の40名は11月、残りの40名は翌年の春に訓練を始めた。

　彼らは基礎訓練を修了すると、第1下士官訓練飛行中隊（1.DPJ）の数名

クロアチア空軍飛行隊（HZS）の戦闘機パイロットたち。1944年の夏。リトアニアのラブヤウで撮影された。左から5人目は12機撃墜のエース、エドゥアルド・マルティンコ、11人目は13機撃墜のエース、ズラッコ・スティプティッチ。(J Novak)

も加えた10名ずつの3つのグループに分けられ、フュルトのJG104に送られて1943年4月28日から6月28日まで訓練を受けた。12月の末に7名の伍長──ニコラ・フリナ、イェロニム・ヤンコヴィッチ、イグナツィエ・ルチン、ズヴォンコ・ミクレッツ、イヴァン・ミハリェヴィッチ、ヴラディミル・サントネル、オットー・シフナー──が選ばれ、パイロットが少なくなった15（クロアチア）./JG52の補充に送られることになった。しかし、その移動の前に、彼らはもっと経験を得るためにフランスのサン=ジャン=ダンジェリ基地のII./EJG1に送られた。そこで彼らは「腕達者」の教官2人、フリードリヒ・ヴァホヴィアク少尉（1944年7月に戦死。撃墜86機）とエーリヒ・ビュットナー軍曹（8機撃墜）の指導の下で、ソ連機といかに戦って生き残るかを学んだ。訓練生は米軍の爆撃機編隊に遭遇したことも2回あった。幸か不幸か、訓練生は交戦を厳しく禁止されていた。

　1944年の3月の半ば、コースを修了したパイロットたち（フリナを除いて）はヴァホヴィアクに率いられ、クリミアに向かって出発した。4月の初めに彼らがニコライエフに到着した時には、15（クロアチア）./JG52はすでに故国に帰還していたので、パイロットたちはIII./JG52の中隊に配属された。

　この時期までに、フリードリヒ・ヴァホヴィアク教官はこれらの「新米」パイロットたちに強い印象をあたえていた。これはイグナツィエ・ルチンの回想である。

　「我々はJG52に配属され、ヴァホヴィアクが我々から離れてゆく時がきた。彼は我々を部屋の片隅に集めて、もう一度注意を繰り返してくれた。できる限り注意深く行動し、不必要なリスクは冒さないようにと。この教官は我々に多くのことを教えてくれた。我々の大半が戦争の中で生き残ったのはおそらく彼のおかげだろう」

　5月と6月の間、若いクロアチア人パイロットたちは時々、経験の高い戦闘機乗り（ヤークトフリーガー）の列機として飛んだ。こうした出撃の際に、ヴラディミル・サントネル伍長はIl-2 1機確認撃墜、Yak-9 1機確認外撃墜の戦果をあげ、イェロニム・ヤンコヴィッチ伍長は仲間の中での2機目の確認撃墜を記録した。

　クロアチアでは15（クロアチア）./JG52から改称されたクロアチア戦闘飛行隊第1中隊（ヤークトグルッペ）（1./JGr Kroatien）が着実に戦力を回復してゆき、RLM

マト・ドゥコヴァッツ大尉が墓石の正面のLaGG戦闘機を指差している。これは1941年にベサラビアで撃墜された姓名不詳のソ連のパイロットの墓である。この写真は1944年7月に撮影され、2カ月後にドゥコヴァッツは亡命した。（J Novak）

1944年9月、フラーニョ・ジャール大佐（左から3人目）がラブヤウでHZSの隊員を訪問した。この数日後、ドゥコヴァッツ大尉（右から3人目）とスポリヤル少尉はソ連側に脱走した。スヴァールツ少尉は彼らの計画を知っていたが、クロアチアにいる彼の家族が報復を受けることを恐れて、彼らと同行しなかった。（J Novak）

はこの中隊を再び戦線に配備するよう決定した。1944年7月の初め、進級後間もないドゥコヴァッツ大尉と指揮下のパイロット12名（エドゥアルド・マルティンコ准尉、ヴラディミル・クレース軍曹、イヴァン・バルティッチ軍曹、ヨシプ・イェラチッチ軍曹、ヴィンコ・タタレヴィッチ伍長、アシム・コルフト伍長、ヨシプ・チェコヴィッチ伍長、スティエパン・クラリッチ伍長、ドラグティン・クチニッチ伍長、ヤコブ・ペトロヴィッチ伍長、レオポルド・フラストヴチャン伍長、ドラグティン・ヴラニッチ伍長）は長い行程になる移動に出発した。

彼らの最初の目的地はルーマニアのヅイリステアだった。彼らはここで新品のBf109を受領することになっていた。パイロット5名（ルチン伍長はクロアチアで入院しており、遅れて到着した）はⅢ./JG52に配属され、ソ連軍の大攻勢作戦が展開されている戦線に送られた。予定されていた新機はここに到着せず、数日後にクロアチア中隊はスロヴァキアのピエジュチャーニに移動した。彼らはそこでニュースを受け取った。1944年7月21日にクロアチア航空兵団（HZL）が廃止されたと知らされたのである。それに代わってクロアチア空軍飛行隊（グルーペ）（HZS）が新設され、この組織は9月26日にクロアチア空軍訓練飛行隊（グルーペ）（HZIS）となった。

ここでも部隊の使用機は到着せず、新しい隊員2名、チューロ・スヴァールツ少尉とヴラディミル・スポリヤル少尉が加わっただけだった。8月に入って、中隊は東プロイセンのケーニヒスベルクに近いアイヒヴァルデ飛行場へ移動し、そこでBf109G-14 10機を受領した。9月の初めに中隊はリトアニアのラビヤウ飛行場へ移動した。前線配備の準備のためである。

こうした動きの中でマト・ドゥコヴァッツは、それまで考えてきた計画を実行に移した。9月20日、彼とヴラディミル・スポリヤルは脱走したのである。ソ連側はただちに彼らの行動を発表した。それを知ったドイツ空軍は中隊の飛行を禁止し、アイヒヴァルデへの引き揚げを命じ、11月1日には配備機を返還させた。

新たにHZISの戦闘機中隊の指揮官となったチューロ・スヴァールツ少尉は、隊員を率いてポーランドのポズナンニに移動するよう命じられ、次にスロダに移って歩兵の訓練が始められた。彼はその命令に従って行動し、年末には十分に訓練を受けた戦闘パイロットたちの小さな部隊が、フランクフルト・アン・デア・オーデルとシュチェチンの間の赤軍に対する防御線の塹壕に、暗い気持ちで配備された。

この部隊のパイロット全員と地上要員の一部はドイツ国防軍から脱走し、きわめて大きな困難の下で、ZNDHのベルリン駐在武官チャロゴヴィッチ大佐の援助を受け、いくつもの幸運に恵まれて、1945年2月9日から4月12日までの長い日数をかけてクロアチアに帰還することができた。帰国の途中に彼らは、フュルトでJG104のクロアチア人パイロット6名を、バート・フェスラウではJG108の9名を合流させた。

この時までに、クロアチア兵団の部隊の中で最も有名だったHZLの後身であるHZISは存在しなくなっていた。この部隊のパイロットたちは空戦で確実撃墜299機——Ⅲ./JG52で戦ったパイロットの撃墜も含まれている——の戦果をあげた。それに加えて確認外撃墜が42機から46機あり、地上で撃破したもの5機もある。部隊の東部戦線での出撃は延べ5000機を越えている。

chapter 5
戦火、再びユーゴスラヴィアに
war returns to yugoslavia

　第1章で述べたように、1941年4月のドイツ軍侵攻に対するユーゴスラヴィアの抗戦の大半は空しく終わった。この国の支配権を確保したヒットラーは、彼の計画の中の最重要な行動を再び進め始めた。これはソ連侵攻作戦である。そして、ユーゴ侵攻の直後にクロアチア傀儡国家が創設されると、この地域のドイツ軍の大半はソ連国境の近くに移動していった。この移動がシグナルとなって、この国に居住している220万人のセルビア人に対するテロ活動が始まった。

　クロアチア政府のセルビア人に対する取り扱いは、システマティックな暴虐行為として、SSの行動に匹敵するものだった。いくつもの村の全体が焼き払われ、数十万もの人々が殺されたり死の収容所に送り込まれたりした。ドイツ国防軍でさえもその行動に怒り、1942年8月27日にベオグラードで開かれた南東地域司令部指揮官会議で、野戦警察隊司令部の指揮官、フォン=マッセンバッハ大佐が「ウスタシャ部隊の倫理を無視した残虐行為と70万人のセルビア人処刑」についてクロアチアの連絡将校を難詰した。しかし、彼はそれに続いて、「そのようなクロアチア人の誤った方針のために、今やドイツ人が血を流さねばならないことになる」と述べ、彼の本当の関心は何だったのかを、ついうっかりと現してしまったのだが。

　この大規模テロは主にウスタシャ党の部隊が計画して実行したものであり、クロアチア軍の実際の行動はなかった。最初は大量殺戮に大きなショックを受けたが、ボスニアとクロアチアのセルビア人は1941年6月初めからヘルツェゴヴィナでウスタシャとの闘争を開始し、数週間後には大規模な蜂起が拡がった。夏の間、クロアチア傀儡国家内のセルビア人が多数居住する他の地域にも抵抗運動が拡がり、ボスニア、リーカ、コルドゥン、バニャでも反乱が起き、それからダルマティアとスラヴォニアにもそれが次々に拡がった。

　この動乱には2つの型があった。一部は地域の人々の防衛のために自然発生的に起きたもので、政治的な連携関係はなかった。しかし、それとは別に共産主義者の指導の下での行動があった。こちらの方は十分に組織化されていて、抵抗運動をユーゴスラヴィア全体に拡げるためにシステマティックに活動していた。

　蜂起した者たちは協力して行動し、多くの地区を次々に解放して大量の武器を鹵獲した。クロアチア独立国（NDH）政府当局者は衝撃を受けた。ドイツとイタリアの上層部も同様であり、彼らは制圧する行動を開始したが、抵抗運動を鎮圧することはできなかった。このため、創設されたばかりのクロアチア独立国空軍（ZNDH）の主要な任務は、反乱勢力と戦うクロアチア軍と枢軸国軍に対する航空支援とされた。

　ドイツ軍は占領地区内でユーゴスラヴィア王国空軍（VVKJ）の航空機350

機を鹵獲し、そのうちの50機（Bf109E 15機、ハリケーンⅠ6機、イカルスIK-3 1機を含む）を自軍で使用するために接収した。211機は修理された後、1943年7月20日までにZNDHに引き渡された。

　ZNDHは主に民族的構成の面でクロアチア軍の中の他の組織と相違があった。ZNDHの中核は元VVKJとPV（海軍航空隊）の将校500名と下士官1600名だった。その過半数はクロアチア人だったが、「カトリックに改宗した」セルビア人、スロヴェニア人、ロシア人、ウクライナ人、回教徒ボスニア人、ドイツ人も多かった。彼らの多くは強制的にZNDHに参加させられた者たちであり、大半はNDH支持者ではなく、反対派の者もあった。実際に1941年の夏の間、NOP（人民解放運動）のメンバーや同調者はZNDHの中でサボタージュやスパイ活動を続けた。

　創設後間もないこの航空部隊は、6月の末に予想外の大ショックを受けた。ズムン飛行場にZNDHが使用するはずの元VVKJの機が置かれていたが、そのうちの25機（フューリー8機、アヴィアBH-33 4機、IK-3 2機を含む）をドイツ軍が接収した。そして鉄条網の柵の内側に囲い込み、スクラップにされる予定の1ダースほどの雑多な機から隔離した。これに対し、旧空軍の整備員を含むこの地域の愛国的な市民が、開始されたばかりのバルバロッサ作戦（ソ連侵攻作戦）のニュースを警備兵が夢中になって聞いている間に、柵を乗り越えて侵入し、全機をスクラップにしてしまったのである！

　反乱グループに対する最初の航空攻撃は1941年6月26日にヘルツェゴヴィナで行われた。その翌日、時代物のポテーズPo25がアヴトヴァッツ村の近くで撃墜された。その後、ZNDHは1941年末までに15機を失い、110機の兵力で1942年を迎えた。

　戦闘機隊の装備はIK-2（予備部品が不足）4機、旧式なBH-33E 7機、フューリーⅡ 1機など、いずれも元VVKJの機であり、すべての面で貧弱だった。幸いなことにこの弱体な兵力は抵抗を受けることがなく、その後に新型機を装備するようになった。そして、反乱グループに対する作戦が続いている間、部内でサボタージュが断えず、ザグレブの司令部内でさえも発生した。あるグループは2機をパルチザンに渡すことに成功した。

　その数日後、この2機は元の所有者に対する行動を始めた。1942年6月4日、ルドウフ・チャヤヴェッツと機銃手、ミルティン・ヤズベッツがバニャ・ルカを攻撃したのである。しかし、彼らのブレゲー19は対空射撃による損傷を受け、カディニャニ村の近くに不時着した。チャヤヴェッツは自殺し、ヤズベッツは捕らえられ、後に銃殺された。

　それから数日後にZNDHの最初の戦闘機作戦行動があった。パルチザン側の残りの1機、ポテーズPo25がザグレブ空襲に現れた時に備えて、ロゴザルスキR-100練習機3機が迎撃戦闘機としてパトロールに飛んだのである。

　フラーニョ・クルーズが操縦するPo25はドゥビツァ、コスティニツァ、ドヴォル、ボサンスキ・ノヴィを爆撃した。その結果、R-100のパトロール

このアヴィアBH-33Eは1942年の夏、ザルザニ飛行場で撮影された。BH-33Eは1920年代の末にチェコで設計された戦闘機であり、1930年代の初めにユーゴスラヴィアで少数機がライセンス生産された。クロアチア独立国空軍（ZNDH）は元ユーゴスラヴィア王国空軍（VVKJ）の7機のBH-33Eを受領し、クロアチア独立国（NDH）全体にわたってパルチザンとチェトニク（右翼的な抵抗運動組織）の部隊に対する機銃掃射に使用した。(Authors)

が強化され、「反乱軍の航空機を撃破する」ためにR-100とBH-33各1機装備の戦闘機1個小隊が特別にドゥビツァ飛行場で編成された。ポテーズを地上で発見するために広範囲な索敵が実施され、ドイツ空軍ボスニア西部攻撃飛行隊のブム少尉のFw58が7月7日にルシチ・パランカ附近でこの機を発見し、確実に破壊した。

　この機のパイロット、フラーニョ・クルーズは、その後、中東まで脱出して、英国空軍(RAF)第352(ユーゴスラヴ)飛行隊に参加した。彼は1944年9月24日、ユーゴスラヴィアの港湾都市、オミシュ攻撃の行動中に彼のスピットファイアⅤC(JK967)が対空砲火によって撃墜され、戦死した。

　1942年6月25日、ZNDHは新型戦闘機フィアットG.50bis 9機とG.50B(訓練用複座型)1機の供給を受け、兵力が強化された。これらのフィアットはIK-2 2機、BH-33 6機とともにバニャ・ルカのザルザニ飛行場に集中配備され、ほぼ1年にわたってそこに留まり、地上攻撃任務に数多く出撃した。

　しかし、この時期にはNOPのメンバーがまだ活動しており、それによって第1飛行隊(1.ZS)指揮官、12機撃墜のエースであり、東部戦線の15(クロアチア)./JG52から本国に転任してきたばかりのマト・チュリノヴィッチ少佐が彼の機の乗員、2名とともに10月7日に戦死した。パルチザンの同調者である整備員が、彼の乗機Do17K(ZNDH機籍番号0101)が対パルチザン爆撃に出撃する前に、搭載した爆弾の信管と爆弾倉ドアをつないでおいたために、彼の機は目標上空で爆発し、残骸はソシッツァの村の近くに落下した。

　1942年末にZNDHは合計191機(IK-2 4機、BH-33 6機、G.50 10機を含む)を保有していたが、それまでに戦闘と事故によって49機を失っていた。この時期には既に、燃料不足のためにZNDHの作戦行動は厳しい制約を受けていた。月間の燃料供給量が50パーセント削減されたため、1942年9月22日の命令によって飛行時間の即時縮小が実施された。

　彼らの敵である反乱勢力の活動も停滞か後退の状態に置かれていた。コミュニストが支配するユーゴスラヴィア人民解放軍(NOVJ——これに参加するクロアチア人は増加していた)と、王制を支持していて、セルビア人が支配的であるチェトニクとの間の抗争があったためである。モスクワの命令下で動くコミュニストは、彼らの行動を枢軸国とその衛星国に対する闘争と見るだけでなく、この国の戦後の社会体制を変える革命と考えていた。抵抗運動の側には主導権を握ろうとするもうひとつのグループ、チェトニクがあった。彼らは上部に司令部組織をもっていたが、多くの部隊はその指揮に従わず、まったく独立的に行動するものもあった。戦場で敵と休戦する部隊が多く、パルチザン制圧に当たる枢軸国軍と明白に協力する部隊もあった(パルチザンの側も、ある時期にはドイツ軍やイタリア軍と取引をしたことは注目されるべきである)。全体的に見て、彼らの戦いの方針はできる限り戦闘を避け、近く始まるはずの連合軍のユーゴスラヴィア沿岸上陸作戦に備えて、兵力を強化しておくことだった。

　1943年に入り、ドイツ軍のスターリングラード敗戦の後、反乱グループには新たな参加者が大量に流れ込んだ。ボロンガイ飛行場では3つの独立した細胞(セル)組織が造られ、そのうちのひとつ、イヴァン・チヴェンチェクを指導者とする組織は大戦終結まで活動を続けた。これらの組織の破壊活動によって指導者層は動揺した。ヴラディミル・クレーン将軍は9月の半ばにZNDH司令官の職を解任され、アダウベウト・ログリャ中佐が後任となった。

彼は大幅な組織改編を実施したが、ZNDHの状況は一向に好転しなかった。

1943年9月にイタリアが降伏した後、モスタルとザダルの飛行場に60機ほどの使い古されたイタリア空軍機が残されていて、33機がZNDHに編入された。そのうちの戦闘機、フィアットCR.42 6機とG.50 3機は1944年の初めにクロアチア第1戦闘飛行隊（Kro JGr1）に貸与された。ZNDHはドイツ空軍からモラヌ＝ソルニエMS406C-1 38機──1940年に鹵獲されたフランス空軍機の保管プールに置かれていた──を供給され、1943年10月半ばにその受領が始まった。この年の末までにZNDHは98機を失い、保有機は295機──MS406 20機、G.50 10機、BH-33 5機、IK-2 2機を含む──となっていた。

今やZNDHは反乱グループにかなり強い打撃をあたえる戦力をもつようになったが、ここで新たな脅威がアドリア海の向こう側から迫ってきた。1943年6月30日、連合軍の最初の偵察機侵入が発見され、それに続いて米陸軍航空軍（USAAF）の最初の爆撃機編隊が現れた。8月13日、第Ⅸ爆撃機コマンドのB-24 61機がオーストリアのヴィエナー・ノイシュタットを目標とした長距離爆撃作戦の途中で、クロアチア上空を通過したのである。ブロード・ナ・サーヴィ防空を担当する第3対空砲グループが、この編隊の1機を何とか撃墜した。

ドイツの二面的な態度
German Ambivalence

占領期間全体にわたって、ドイツは同盟関係にあるクロアチアに対して二面的といえる態度を見せた。事実、クロアチア独立国（NDH）はドイツの衛星国の中で最も軽視されていたといってもよい。たとえば、クロアチアは1941年5月という早い時期に、何よりも先ずBf109 22機の供給を求めた。ところが、彼らが受け取ったのはドイツが接収したユーゴスラヴィア王国空軍（VVKJ）の機の中でも最低のものだった。その一方でドイツ航空省（RLM）は同じ時期に、元VVKJ機の中からDo17K 6機をブルガリアに、ハリケーン6機とブレニム6機をルーマニアに、製造途中のブレニム20機と膨大な種類の部品をフィンランドに供与したのである。

新たに誕生したNDH政府がドイツ軍による占領の早い時期にクロアチア航空兵団（HZL）を編成したのは、それに続いてクロアチア独立国空軍（ZNDH）が基幹となる有能な乗員と新型機を確実にそろえることができるようにするためだった。それはうまく進まなかった。実際には、ZNDHは組織内の一部の部隊の指揮権をもたなかった。NDHの地域内に置かれたHZLの部隊を指揮することもできなかった。規模が小さいスロヴァキアでさえもナチスにもっと尊重された。この国は1942年にエーミールの最初の

2./Kro JGr1のパイロットたち。1943年12月にザグレブで撮影。左から右へ、イヴァン・クリッチ、アシム・コルフト、ヤコブ・ペトロヴィッチ、ボゴミル・クノヴィッチ、レオポルド・フラストヴチャン、ドラグティン・クチニッチ、ドラグティン・ヴラニッチ。彼らはJG104から1943年11月1日にフランスのサン・ジャン・ダンジェリの第1戦闘訓練航空団第2中隊（2./Erg JG1）に送られ、12月20日までにザグレブに帰ってきた。(Authors)

C.202「白の4」の前でポーズをとる2./Kro JGr1の整備員2名。1944年の春、クリロヴェッツ飛行場で撮影。C.202の最初の16機は、ドイツ軍占領後にブレダ社で製造された約60機のXIIシリーズの中からKro JGr1に供給された。クロアチアのパイロットたちはC.202をあまり高く評価しなかった。12.7mmと7.7mm機関銃各2挺の武装の攻撃力は、重防御の米軍の重爆に対して不十分だったためである。パイロットたちのクロアチア防空戦闘能力はNDHの時代遅れの敵機探知・通報システム——戦闘機が迎撃のために離陸開始した時には、敵機がすでに頭上に侵入していることも多かった——による大きなハンデを背負わされていた。2./JGr Kroの指揮官、ヘレブラント少佐はC.202を「旧式で、くたびれていて、使いものにならない」と決めつけ、「隊員の士気は低く、部隊の戦果はゼロ同然」と述べている。(J Novak)

1機を受領し、それに続いて1944年春にはグスタフを供給された。

そして、13(スロヴァキア)./JG52のパイロットたちはドイツ空軍の機に乗っていたが、隊員はスロヴァキアの軍服を着用し、自国軍の管轄下に置かれていた。これは15(クロアチア)./JG52の隊員との大きな相違だった。

大戦中にドイツは同盟国クロアチアに数多くのことを約束したが、ほとんど実行しなかった。クロアチアの航空部隊の隊員たちはその不公平を痛切に感じており、彼らの不満は1944年の夏に至って爆発した。1943年の夏に米軍機が現れ始めたが、ZNDHが本土防空のために出撃させる戦闘機はフィアットとモラヌだけだった。いずれも1940年にはすでに旧式の部類に入っている型だった。

1943年の末までには、USAAFの第15航空軍がドイツとオーストリアの目標に爆撃を繰り返し、その編隊がNDH上空を通過するようになっていた。この状況への積極的な対応として、10月30日にボロンガイ飛行場で第11戦闘機飛行隊(11.LS)——編制は第21、第22戦闘機中隊(21.LJと22.LJ)——が新編された。指揮官は第一次大戦のベテラン戦闘機パイロット、エルネスト・トゥルコ少佐であり、装備はMS406とG.50だった。この飛行隊の3番目の中隊、23.LJは予定通りに1944年1月26日に編成され、3月の末にザルザニ飛行場で実戦可能状態に入った。

最初、RLMはHZLの実戦部隊の1個戦闘機中 隊に十分な装備をあたえ、バルカンとイタリアに配備されている他のドイツ空軍の部隊とともに本土防衛戦闘機隊に編入し、それと同時に訓練部隊、1個中 隊の装備を整え、いずれ実戦部隊に仕上げるように計画していた。1943年12月23日、HZLの戦闘機隊はクロアチア第1戦闘飛行隊の本部小隊と第1〜第3中隊(Stab., 1.〜3./Kroatien Jagdgruppe 1)に改編された。飛行隊長はイヴァン・チェニッチ少佐、彼の下の3名の中隊長はドゥコヴァッツ中尉(この時にはまだ東部戦線のIII./JG52指揮下の部隊で戦っていた)、ヘレブラント大尉、ベンツェティッチ中尉である。

3個中隊のうち、3./Kro JGr1はもともと第2中隊に即戦力となるパイロットを供給するための実戦訓練部隊の立場にあった。東部戦線で実戦を経験した少数のベテランを除いて、大半のパイロットたちはJG104のコースを修了したばかりの者だった。そして、1943年末にKro JGr1はクロアチア内で非実戦用のCR.42を2機もっているにすぎなかった。

1944年1月の末、Kro JGr1の技術担当将校サフェット・ボスキッチ少尉はパイロット7名を連れ、ミラノ近郊の第6サン・ジョヴァンニ航空機工場へ出張した。そこで新品のマッキC.202 8機を受領し、ルッコ飛行場までフェリーするのが彼らの任務だった。2週間の後、ボスキッチは部下のパイロット3名とともに4機のマッキに乗ってルッコに帰還した。残りの4機は3月の初めに引き渡されたが、空輸の際に事故が発生してボゴミル・クノヴィッチ伍長が死亡した。そして、3月に始まるC.202の訓練の準備のために、CR.42とG.50による戦闘飛行訓練が開始された。3月にはザグレブの西方で初めての米軍機との接触があったが、戦闘は回避された。マッキのパイロットたちの攻撃行動は損傷機、または主編隊からの落伍機のみに厳しく制限されていたためである。4月1日、この部隊の呼称が第1戦闘飛行隊クロアチア(I./Jagdgruppe Kroatien)と変更された。最初の実戦の直前のことである。ZNDHもこの時点でMS406 19機を新たに配備された。

4月2日、USAAF第15航空軍はオーストリア北部の工業都市シュタイアーに大規模な爆撃を実施した。爆撃機の飛行コースはクロアチア独立国の真上を通っており、B-24の編隊の帰路を攻撃するために2./JGr Kroのパイロット2名が離陸した。そのうちの1名（東部戦線のベテラン、ボジダル・バルトゥロヴィッチ軍曹であることはほぼ確か）が爆撃機1機撃墜を報告したが、この墜落は誰にも見られておらず、撃墜確認は得られなかった。

この時期に、2./JGr Kroはバニャ・ルカに近いザルザニ飛行場に小隊編隊（4機）を派遣した。これはパイロットたちが米軍爆撃機迎撃の機会を増すための措置と思われる。しかし、4月6日に南アフリカ空軍（SAAF）第7航空団（特に第1、第2、第4飛行隊）のスピットファイアMk IXがこの飛行場に強烈な攻撃をかけた。彼らは発見されずに目標に接近し、敵の防空体制に対して完全な奇襲に成功した。

この攻撃の間に、23.LJの整備員だったダウト・セチェルベゴヴィッチは、38機撃墜の戦績をもつクロアチア第2位のエース、ツヴィタン・ガリッチの戦死を目撃した。彼は次のように回想を語っている。

「飛行場の駐機地はどこも飛行機が一面に並び、格納庫も満杯だった。そのたくさんの飛行機をもっと広く分散させることなど誰も考えなかった。空襲を予想していなかったからだ。ガリッチはテスト飛行から帰ってきたところだった。格納庫の前まで移動滑走してきて、エンジンを切った。整備員ひとりの手助けを受けて、彼は縛帯を外してコクピットから機外に出た。

「彼が乗機のそばに立っている時、まったく突然に機銃弾が我々のまわりを飛び交い、爆弾が炸裂し始めた。我々は近くの側溝まで全力で走って、ちょうどのタイミングで飛び込んだ。振り返って見ると、ガリッチがショックを受けたように立ったままでいるのが見えた。我々は彼に、この溝まで走ってくるようにと大声で呼びかけたが、彼はここまでは遠すぎると思ったらしく、彼の乗機の下に跳び込んで伏せた。その数秒後、彼のモラヌの近くで爆弾が1発炸裂し、彼の機は火を噴いて彼の身体の上に崩れ落ちた。この時には彼を救い出すことはできなくなっていたが、彼は最初の炸裂の時にやられていたはずだと私は思う」

この攻撃に参加していた南アフリカ空軍の部隊のうち、爆弾を搭載していたのは第2飛行隊だけであり、この隊のパイロットの誰かがこの38機撃墜のエースを倒したのはほぼ確かである。

この飛行場全体が大混乱に陥った。少なくともZNDHの21機が破壊され、10機が損傷を受けた。一方、ドイツ空軍機は16機が破壊され、その中には2./JGr KroのC.202 1機（他に1機が損傷した）も含まれていた。23.LJの12機のMS406のうち、完全な状態で残ったのは1機のみであり、この中隊は事実上全滅した。JGr Kroの残った2機のマッキは翌日、ルッコ飛行場に引き揚げた。

4月2日、または6日に21.LJのパイロットたちは戦闘経験不足のためにひどく痛い目に遭った。幸いなことに彼らは生き残り、それを語ることができたのだが。損傷を受けた米軍の爆撃機を襲うことを狙い、G.50 2機（トミスラヴ・カウズラリッチ少尉、イヴァン・グレゴヴ中尉）とMS406C 4機（マルコ・ヴェセリノヴィッチ中尉、ヂューロ・グレディチャク少尉、ティホミル・シムチッチ少尉、シェリフ・メハノヴィッチ少尉）の混成編隊がザグレブ周辺の上空、高度2000mをパトロールしている時、米軍の戦闘機2機の奇襲攻撃を受けた。

ボロンガイ飛行場まで何とか帰還したのはカウズラリッチとシムチッチだけであり、ヴェセリノヴィッチとグレディチャクは戦闘から離脱する途中で彼らのモラヌのエンジンが過熱状態に陥り、いずれも胴体着陸し、メハノヴィッチとグレゴヴは落下傘降下した。グレゴヴはあまりに動揺が激しく、休養1カ月と飛行任務免除3カ月をあたえられた。この戦闘はきわめて短い時間で終わったため、生き延びた6人の中で敵はP-38だったという者もあり、P-47だったという者もあった。米軍の記録では、第325戦闘航空群（325FG。P-47を装備）と第82戦闘航空群（82FG。P-38を装備）の両方がこの地区での戦果を報告している。

　4月12日にはボロンガイ飛行場に攻撃を受ける番が廻ってきた。そこでZNDHの21機（MS406 3機とG.50 2機が含まれていた）が破壊された上に、9機が大きな損傷を受け、17機が軽く破損した。その数日後、セルビアのニーシュにあるドイツ空軍の予備機保管部から3./JGr Kroに配備されるCR.42 6機がフェリーされてきたが、そのうちの4機はボロンガイ飛行場のひどい状態の滑走路へ着陸した時に破損し、2機は修理不能で破棄された。これ以上の損害を避けるための措置が取られた。毎朝、飛行可能な機は補助飛行場に移動し、夕方に帰還するまで留まっているように命じられたのである。しかし、この戦術によって損害が減ることはなかった。十分に造成されていない、にわか造りの滑走路からの発着で破損し、廃棄処分される機が多かったためである。

　記録で見ると、米軍機との次の戦闘は4月23日である。この日の第15航空軍の目標はオーストリアの都市、ヴィエナー・ノイシュタット、バート・フェスラウ、シュヴェハトだった。イヴァン・チェニッチ少佐が率いるC.202 5機がルッコ飛行場から緊急出撃した。爆撃機の帰途を迎撃することを目指したが、その代わりにビェロヴァル付近で第31戦闘航空群第308戦闘飛行隊（308FS, 31FG）のP-51の編隊と遭遇した。この戦闘で米軍のフレデリッ

第2戦闘機中隊（2.LJ）のG.50bis「3504」。1944年の夏、ボロンガイ飛行場。この機は以前に第21戦闘機中隊（21.LJ）に配備されており、広い範囲にわたってユーゴスラヴィア人民解放軍（NOVJ）の部隊に対する攻撃任務に当たった。ZNDH所属に移って2年ほど使用された後、1944年8月11日に着陸事故によって激しく破損し、修理されることなく放棄された。(Authors)

ク・トラフトン中尉が少なくとも2機のマッキ——彼は戦果3機と報告したが——を撃墜した（詳細についてはOsprey Aircraft of the Aces 7 — Mustang Aces of the Ninth & Fifteenth Air Forces and RAFを参照されたい）。撃墜された2機のパイロット——一方は指揮官、チェニッチだった——は無事に落下傘降下した。

この損害のお返しに、レオポルド・フラストヴチャン伍長がこの部隊で初の確認戦果をあげた。ザゴリェのザプレシッチ村の附近でB-24 1機を撃墜したのである。

数日後、ヤコブ・ペトロヴィッチ伍長はRAFのモスキート1機と遭遇した。彼は次のように報告している。

「スティエパン・クラリッチとともに飛んでいる時に、我々はヤストレバルスコ西方で高度8000mを飛んでいるモスキート偵察機1機を発見した。我々は上昇して、敵機より高い有利な位置についてから攻撃に移った。私は2秒間連射し、射弾は命中した。敵機は濃い煙を曳き始め、海岸の方へ機首を向けた。その瞬間、上方から別のモスキートが我々を襲ってきたのだ。我々は攻撃から回避運動に移った。しかし、その敵機は我々をあまり追わず、イタリアの方向へ降下していった。遠くの方に最初のモスキートがちらりと見えた。煙を曳き、高度が段々と下がり続けていたが、私の機の燃料が危険なレベルに低下していたので、追跡することはできなかった」

数週間後にペトロヴィッチは再び連合軍機と交戦した。彼は次のように語っている。

「5月の初めのこの日、私はイヴァン・クリッチとともにフライ・ヤークト任務で飛んでいた。リュブリャナ～トリグラヴ～トリエステ～プーラ～リイェカ～ザグレブの線の上空を高度5000mでパトロールするように命じられていた。トリグラヴを通過した後、我々はすぐ下に2機のライトニングを発見した。敵は海岸の上空をリュブリャナの方へ向かっていた。我々は左旋回して太陽を背にする位置についた。私は右側の敵機を狙って射撃した。私の射弾は胴体に命中し、その瞬間に敵機の安定板が吹き飛んだ。このライトニングは失速に陥り、ヴェニス鉄道の線路に近いグラディシカ村の附近に墜落した。パイロットは脱出しなかった。その間、クリッチは2機目の敵に損害をあ

このC.202はニーシュ補充機保管基地から送られてきた数機のうちの1機であり、ドイツ機の塗装色RLM04（黄色）の胴体バンドがつけられ、カウリング下面が同色の塗装である点が、クロアチアの部隊の他の同型機と異なっている。この写真は2./JGr KroのC.202の上でポーズをとっているZNDH飛行学校の訓練生たち。1944年6月に撮影。左から右へ、ゾルタン・ペリシッチ、ズヴォニミル・シティマッツ、スタンツォ・フォルカピッチ、ネナド・コヴァチェヴィッチ。ペリシッチ以外の全員は1944年9月の初めに脱走してNOVJに入り、後に第11戦闘機師団（11.LD）に参加した。(M Micevski)

たえたが、その機は南の方向へ逃げ去った」

5月の初めまでに、3./JGr KroはG.50を4機、元ZNDHのMS406 2機、複座のG.50B 2機と、少なくとも1機のレッジアーネRe.2002を受領した。これとほぼ同じ時期にⅠ./JGr Kroからパイロット6名がニーシュ飛行場に送られた。そこでC.202 4機とC.200 2機を受領したが、フェリー飛行の途中でC.202の1機がゼムン飛行場に胴体着陸した。それ以外の3機のC.202は2./JGr Kroに編入され、C.200は3./JGr Kroに配備された。

■対パルチザン作戦行動
Anti-Partisan Operation

5月25日、ドイツ空軍は1941年4月以降のユーゴスラヴィアで最大の作戦を開始した。ディナラ山脈の北側のドルヴァルに対する空陸協同作戦であり、パルチザンの司令部を壊滅させることを目的としていた。この「レッセルスプルング」[*]作戦のために合計295機の戦闘用機とグライダー45機が投入され、ドイツ空軍はその日に延べ440機、翌日に201機を出撃させた。

この作戦は開始された後になって初めてクロアチア側に通報された。作戦の詳細がパルチザン側に洩れることをドイツ軍が恐れたためである。その結果、クロアチア独立国空軍（ZNDH）の部隊はこの作戦に参加しなかった。

この作戦を実施したが、ドイツ軍は連合軍の戦闘機がクロアチア独立国（NDH）の飛行場を狙ってクロアチアの上空で自由に行動することを抑えられなかった。5月31日まで連合軍は空戦と地上で敵の93機以上を撃墜・破壊した。その四分の一はZNDHの機であり、30日にはボロンガイ飛行場でMS406 6機とG.50 1機が破壊された。2./JGr Kroに残っていた6機のC.202は5月29日にボロヴォ飛行場に疎開された。その時までにレッセルスプルング作戦の目的が達成できないことは明らかになり、ドイツ空軍はこの作戦のための行動を停止した。

6月1日、ドイツ空軍のパイロットがプレソ飛行場にC.205 4機を空輸してきて、第2中隊に引き渡した。その翌日、この4機はスニャ補助飛行場に疎開され、その少し後に別のC.202 2機も同時に移動した。6月21日、これらのマッキ全機をプレソ／クリロヴェッチ飛行場に復帰させるように命じられた。このためボロヴォ飛行場を出発する時、イヴァン・クリッチ伍長の機は離昇中にエンジンが停止し、オシイェクの近くに墜落して伍長は死亡した。

6月30日、第15航空軍はブレッヘハマー爆撃を計画したが、ドイツ上空の天候が悪かったために作戦を変更し、USAAFの「重爆(ヘヴィーズ)」はハンガリーとユーゴスラヴィアの数カ所の目標に向かった。配備されて間もないC.205 3機には東部戦線のベテラン、ヘレブラント少佐、ベンツェティッチ中尉、バルトゥロヴィッチ軍曹が乗り、経験の少ないパイロットが操縦する3機のC.202とと

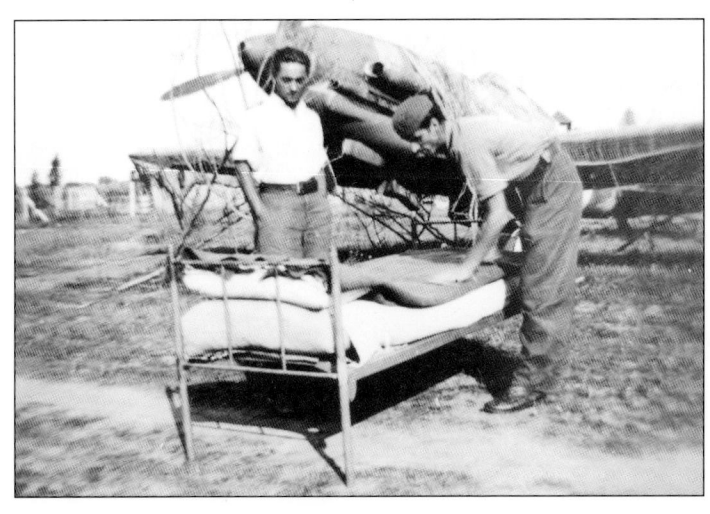

カモフラージュ塗装を施された元2./JGr KroのC.202の前に立つZNDHの訓練生のひとり。HZL解隊後、飛行可能なマッキの大部分は1944年9月のうちにドイツ空軍のパイロットがボロヴォ飛行場からボロンガイへ移動させた。（M Jeras）

1944年8月22日に破壊工作によって営舎が破壊された後、ボロヴォ飛行場のパイロットたちは露天で寝なければならなくなった。しかし、このような時期に軍用機の前にベッドを置くのは、あまり賢いとはいえないのだが。（M Jeras）

もに迎撃任務で出撃したが、手痛い目にあった。

　米軍の爆撃機と護衛戦闘機の編隊とビェロヴァルの上空で遭遇した後、プレソ飛行場に帰還できたのはベンツェティッチの機だけであり、それ以外の5機は喪われた。2機のパイロットは落下傘降下し、3機は不時着したが、全員無事だった。マッキは爆撃機の機銃手に撃墜されたものもあり、第52戦闘航空群第5戦闘飛行隊(5FS, 52FG)のマスタングの餌食になったものもある――52FGのパイロットたちはビェロヴァルから60kmの地区で「Bf109」2機と「Fw190」2機を撃墜したと報告している。

　2./JGr Kroの作戦行動はほとんど知られていない。記録文書が残っていないからである。分かっているのは、パイロットたちが確認撃墜4機と公式確認をあたえられていない撃墜7機(12機ともいわれている)の戦果をあげたことだけである。撃墜と報告された機はB-24が2機、B-17、モスキート、P-38、P-51、スピットファイア各1機であり、戦果をあげたパイロットはボジダル・バルトゥロヴィッチ軍曹(B-24確認外撃墜)、ヨシプ・チェコヴィッチ伍長(B-24確認外撃墜)、レオポルド・フラストヴチャン伍長(B-24 1機確認撃墜、型式不詳の1機確認外撃墜)、アシム・コルフト伍長(B-24 1機確認撃墜、型式不詳の1機確認外撃墜)、イヴァン・クリッチ伍長(P-38 1機確認撃墜、型式不詳の2機確認外撃墜)、ヤコブ・ペトロヴィッチ伍長(P-38 1機確認撃墜、モスキート1機確認外撃墜)である。

　6月3日、ヴラディミル・クレーン将軍が以前の職務、ZNDH司令官に復帰し、3日後に再び部隊の編成変更を実施した。その結果、第11戦闘機飛行隊(11.LS)は解隊され、第2戦闘機中隊(2.LJ)が第1空軍飛行隊(1.ZS)の指揮下の部隊としてザグレブで編成され、11.LSの生き残りの6機のG.50bisが配備された。その時期に残っていた戦闘機部隊は5.LJ(レロヴァッツ飛行場の2.ZSの一部であり、装備はアヴィアBH-33E 4機)と14.LJ(バニャ・ルカの5.ZSの一部、装備機はなし)だった。残っていたMS406 28機は全般的な修理のためにボロンガイ飛行場に集められた。

＊訳注：レッセルスプルング＝Rösselsprung。ドイツ語。チェスのナイトを四方八方に進めるいわゆる「ナイト跳び」のことで、最終的に盤面のすべてのマスを移動することができる。

隊内の動揺
Mutiny

　クロアティア航空兵団(HZL)の3回目の創設記念日、1944年6月27日のすぐ前に、この兵団の隊員たちの間で煮えたぎっていた怒りの気持が明らかな反抗姿勢となって表面に現れた。それは部隊がどのように扱われるかのニュースによって触発されたのである。兵団はクロアチア独立国空軍(ZNDH)に復帰すると約束されていたのだが、ドイツ航空省(RLM)は方針を

サンスキ・モスト飛行場の野外で整備を受けているNOVJ第5兵団飛行中隊のモラヌ＝ソルニエMS406C-1「2323」。この機は1944年9月20日にザルザニ飛行場で第5兵団に鹵獲された21機のうちの1機である。兵団は元ZNDH隊員たちの援助を受けて、臨時の飛行部隊を設けた。このフランス製の戦闘機はNOVJが包囲したカステル要塞に対する作戦に38回出撃し、9月20日から27日まで、ボサンスカ・グラディシカとバニャ・ルカの間の道路上の敵部隊を攻撃した。このような出撃の期間にスレイマン・「スリョ」・セリムベゴヴィッチ伍長は、ドイツ空軍機と二度遭遇した。9月23日、彼はMS406c「2332」に乗って、カステルに物資を投下しているユンカースW34とHs126B各1機を迎撃した。その4日後、この機をサンスキ・モストに撤退させるために飛んでいる時、彼はブロンザニ・マイダンの村の上空で第7夜間地上攻撃飛行隊(NsGr7)のCR.42 2機と遭遇した。双方とも活発に撃ち合ったが、彼は乗機のエンジンが過熱状態になったため戦闘を切り上げ、急いでプリエドル飛行場に不時着した。彼はこの時期の行動中に1機か2機を撃墜したと戦後に何度か書かれた。ドイツ空軍の記録によれば、9月27日の戦闘でNsGr7のフィアット1機が喪われ、もう1機が損傷を受けているが、戦闘の詳細な状況は記録されていない。(Authors)

変え、HZLの5個飛行中隊に戦闘機と爆撃機の新たな装備をあたえ、ルーマニアとイタリアに各々2個中隊、フランスに1個中隊を配備していることを計画しているというニュースである。その結果はすぐに現れ、隊員5名がDo17に乗って脱走した。

間もなく、兵団の隊員に対するジャール大佐のスピーチが行われた。兵団に残っていたくない者は、3つの途のいずれかを選べと彼は無遠慮に言い放った。ZNDHにもどるか、もっと訓練を受けるためにドイツにゆくか、それともパルチザンになって「森の中へゆく」かのいずれかである。隊員たちは一斉に口笛と反対の怒声を彼に浴びせた。公式の報告のひとつには、「隊員の80パーセントがZNDHにもどることを望んだが、当面、この要求は拒否された」と書かれている。この不穏な状態への対応措置はすぐに取られた。7月21日、クレーン将軍は正式にHZLを解隊し、その代わりにクロアチア空軍飛行隊（HZS）という新しい部隊を新設した。これはドイツ空軍の下に留まることを望む者たちによって編成された部隊だった。

1944年の夏までには地上と空中の双方で、クロアチア独立国が直面する状況は厳しくなっていた。連合軍はこの国の上空を制圧し、ユーゴスラヴィア人民解放軍（NOVJ）は田園地帯の大半を支配していた。もっと重大だったのは、パルチザンの影響力が拡大して、クロアチア軍の中で部隊全体が脱走するケースがいくつも発生するまでになったことである。9月7/8日の夜にペトロヴァラディンで空軍訓練連隊の1000名が寝返ったのも、その一例である。脱走して連合軍側の飛行場へ向かう飛行機も増加し、1944年の末までに脱走による損失は23機にのぼった。

ZNDHは9月にバニャ・ルカでも大損害を受けた。NOVJの第5兵団がザルザニ飛行場を占領し、軍用機21機を鹵獲したのである。1週間後に飛行場

ZNDHは1944年9月中旬にフィーゼラーFi167A-0多用途攻撃機を12機受領し、25日にはアドゥム・ロメオ少佐とマティア・ペトロヴィッチ少佐がFi167A「4807」に乗って、トブスコ飛行場に脱走した。ペトロヴィッチはその5日前にクロアチアの最高位エース、マト・ドゥコヴァッツが無事にソ連側に亡命するための綿密な準備に協力した。ペトロヴィッチが乗ってきたFi167A-0は、ヴィースの英国空軍（RAF）の飛行場を基地としていたNOVJ本部連絡飛行中隊に編入された。その後、10月17日にこの機はヴルドヴォ村附近の上空で、南アフリカ空軍（SAAF）のマスタング数機に敵機と誤認されて撃墜された。パイロット、ミリェンコ・リボヴシチャクと2名の乗員は生き残ったが、搭乗していたNOVJ第8兵団司令官ヴラディミル・チェトコヴィッチ将軍は死亡した。(HPM)

は奪還され、パルチザンが破壊しそこなった17機が損傷した状態でZNDH の手にもどった。その直前に飛行可能な機は至急サンスキ・モストに脱出し、 1945年4月22日に第5兵団が解散されるまでこの飛行場から作戦行動を続 けた。

9月の半ばにZNDHはフィーゼラーFi167A-0を12機受領し、ボロンガイ飛 行場の第1空軍飛行隊（1.ZS）に配備した。この複葉固定脚の攻撃機は未 完成に終わったドイツ海軍の航空母艦グラーフ・ツェッペリンに搭載する雷 撃機として少数機が製造され、滑走距離が短い離着陸性能と大きな搭載能 力は包囲された守備隊陣地に弾薬、糧食を輸送するのに適していた。

10月10日、8機撃墜のエース、ボジダル・バルトゥロヴィッチ曹長が操縦す るFi167（ZNDH機籍番号4808）がこのような輸送任務で飛んでいる時、シ サク附近でRAF第213飛行隊の数機のマスタングMkⅢの攻撃を受けた。パ イロットの報告によれば、5機の敵機から2航過の射撃を受け、乗員は火災 を起こし、彼は頭部に負傷した。機銃手、マテ・ユルコヴィッチ大尉は、乗員 2名が脱出降下する前に敵の1機を撃墜したと報告している。RAFの記録に よれば、マルティンスカ・ヴェス上空で「Fi167と思われる単発複葉機」をク リフォード・ヴォス少佐（マスタングⅢ、HB902）、W・E・モウルド軍曹（KH554）、 D・E・ファーマン軍曹の3名が撃墜した。モウルド軍曹の機は命中弾を受け て損傷し、その結果、不時着した。

それと同じ時期にグリーナ附近で、ヴォス、ファーマン、W・H・バターワー ス軍曹（HB854）が「型式不詳の単発複葉機」を撃墜したと報告している。 この機の正体はザグレブからビハッチへ向かう途中のZNDHのBu131ユン グマンだった。

11月24日、ZNDHはついに最初のBf109G-14ASを受領した。10月にクレー ン将軍がベルリンを訪問し、Bf109G-6 10機、G-10 10機、G-14 10機を 含む150機の配備が合意された後に、この引き渡しが始められた。その年 のうちにBf109G 合計21機が引き渡され、これらの新機は1.ZS（指揮官は ズラッコ・スティプティッチ少佐）の2.LJ（第2戦闘機中隊、指揮官はリュデヴ ィト・ベンツェティッチ大尉）と14.LJ（指揮官はヴィド・シャイッチ大尉）に配備 された。この時期のZNDHの戦闘機部隊はこの2個中隊のみだった。

12月21日の再度の編制変更により第1空軍戦闘機飛行隊（1.ZLS、指揮 官はヨシプ・ヘレブラント少佐）が新編された。この部隊の隊員にはポーラ

モスタル飛行中隊のBf109G-10「黒の3」が、モスタ ル飛行場の駐機地区にRAFのダコタ2機と並んでい る。1945年春の撮影。1945年4月20日、ヘレブラン ト少佐とタタレヴィッチ曹長はユーゴスラヴィア軍 （JA）が確保しているモスタルに亡命してきて、2人と もモスタル飛行中隊に編入された。彼らは5月7日に 初めて戦闘出撃し、爆撃機護衛とチェトニク部隊に対 する掃射攻撃に当たった。翌日もこの任務が繰り返 された、午後に部隊はレロヴァッツ飛行場に移動し た。9日に2人は再び退却中のチェトニク部隊を銃撃 したが、帰途に天候が悪化し、ヘレブラントとタタレ ヴィッチは方位を見失った。2人は何とかサヴァ河の 北に不時着することができたが、2機のグスタフは激 しく破損した。(S Ostric)

特徴のある「ズヴォニミル」十字[中世クロアチア王国の国王ズヴォニミル(在位1075～1083)に由来する意匠]の国籍標識をつけた2.LJの Bf109G-14AS「黒の17」が、ルッコ飛行場の格納庫の中に厳重に収納されている。1945年春の撮影。この地域の枢軸国軍が降伏した後、ユーゴスラヴィア軍の部隊はルッコでZNDH、ドイツ空軍、ハンガリー空軍のグスタフ9機を発見した。(Authors)

ンドで歩兵戦闘訓練を受けていたクロアチア空軍訓練飛行隊(HZIS)のパイロットたちが当てられることになった。ドイツ側の約束によれば、彼らは年末までにはクロアチアにもどることになっていた。しかし、彼らは1945年の初めまで帰国せず、1.ZLSは実働状態に進むことはなかった。やっとクロアチアに帰ってきたHZISのパイロットたちは、2.LJに配属された。

ドイツ軍の要求を受けて、2.LJは12月16日にボロンガイに移動したが、6機は25日にルッコにもどることを許された。年末までに4機のグスタフが機籍抹消された。事故とパルチザンの破壊工作が原因であり、そのためにパイロット2名負傷の人的損害も発生した。12月28日、ボロンガイの近くの補助飛行場のひとつで、イヴァン・チヴェンチェク少佐による内部からの援助を受けたパルチザンが、Do17 4機とクロアチアの指導者アンテ・パヴェリッチの個人用のJu52を破壊し、Bf109数機に損傷をあたえた。スティプティッチ少佐はその責任を問われて解任され、彼の後任の1.ZSの指揮官に任命されたのは何とチヴェンチェク、その人だった!

破滅の年、1945年
Terrible Year

1944年はクロアチア独立国空軍(ZNDH)にとって災厄の1年だった。機材の損失は234機にのぼり、保有機は196機で1945年を迎えた。そのうちの戦闘機はBf109G 17機(可動機は12機)、MS406 12機(同2機)、G.50 7機(同2機)、CR.42 2機(いずれも非可動)である。

前年10月に合意されたメッサーシュミット30機供給計画にはBf109K-4 10機とG-12 4機が新たに追加され、この年の春にはG型全部をBf109Kに切り換えるように計画変更された。2月20日、Bf109G 11機、Bf109K 2機、Bf110G-4 2機がヴィエナー・ノイシュタットを出発し、ルッコに向かった。

その途中、悪天候の中で空中接触事故が発生してグスタフ2機が失われ、雪が積もった飛行場に着陸した時にK-4 2機とG-12 1機が損傷した。これらの事故でパイロット2名が負傷した（1名は重傷）。

初めのうち、これらの戦闘機の出撃は控えめに抑えられながら、偵察、爆撃機護衛、フライ・ヤークトの任務に当たっていたが、3月10日以降、作戦行動のテンポが急激に高まった。その時期までには第2戦闘機中隊(2.LJ)はルッコ飛行場にもどり、ZNDHの下でBf109 23機、G.50 6機、MS406 3機、Bf110 2機が活動する状態になっていた。

1月のうちにパルチザン部隊では再編成が行われた。ユーゴスラヴィア人民解放軍(NOVJ)に代わってユーゴスラヴィア軍(JA)の第1軍から第3軍（3月には第4軍が新設された）と、いくつかの独立的なユーゴスラヴィア兵団（クロアチアとスロヴェニアの戦線の後方で行動する部隊）が編成された。

3月24日、アシム・コルフト伍長とイヴァン・ミハリェヴィッチ伍長がシサクとペトリニャの間でRAFの5機のスピットファイア（たぶん、第73飛行隊の機）の攻撃を受けた。コルフトは何とか逃れたが、ミハリェヴィッチ──10日前にクロアチアに帰国したばかりだった──の乗機、Bf109G-14（「黒の8」ZNDH機籍番号2108）は被弾し、フラストヴィッチェの村の近くに不時着した。彼は救出される前に、負傷によって死亡した。

同じく24日、RAFの第213、第249両飛行隊のマスタング8機がナパーム爆弾によってルッコ飛行場を攻撃した。この作戦で第213中隊の1機が対空砲火に撃墜された。帰還したパイロットたちは地上でFw190 2機とJu88 1機を破壊し、型式不詳の1機に損傷をあたえたと報告したが、実際の戦果はそれより遙かに高かった。ZNDHはBf109 3機とMS406 1機、ドイツ空軍はFw190 2機を喪失した。その上にZNDHのBf109 3機、G.50 3機、Bf108、Bf110、MS406各1機と、ドイツ空軍のFw190 2機、Ju88 1機、数機のBf109とHs126が損傷を受けた。

その翌日にも損失が発生した。Bf109G-10に乗ったコルフト伍長と、G.50に乗って列機の位置についていたイヴァン・ミスリン伍長が脱走して、RAFの飛行場に着陸したのである。

3月30日、グスタフ4機が出撃し、ゴスピッチ附近のユーゴスラヴィア第4軍(4.JA)の陣地を攻撃するDo17 4機の護衛に当たった。チヴェンチェック少佐の内通情報を受け、RAF第73飛行隊のスピットファイアが緊急出撃してDo17 2機（ZNDH機籍番号0401、0411）を撃墜した。4機のグスタフは雲の中に逃げ込み、アントウン・プレセ伍長のBf109G-14が軽い損傷を受けただけだった。この戦闘によりZNDHの1945年の最初の3カ月の損失は合計59機となった。それにはBf109 15機、MS406 10機、G.50 2機が含まれている。一方、ZNDHはこの3カ月間に新機を39機受領した。

4月2日にもRAFのスピットファイアとの戦闘があった。この日、4機のグスタフがメダクの村の附近のユーゴスラヴィア軍(JA)部隊を攻撃するために出撃した。先頭のロッテ（2機）編隊、ベンツェティッチとイェラクの2機は地上掃射航過1回の後に離脱したが、それに続く2機編隊はRAF第73飛行隊のスピットファイアMk IXに襲われた。カナダ人のノーマン・ジョン・ピアーズ少尉が1番機を撃墜した。この機はプリミシイェ附近の敵味方戦線間の無人地帯(ノー・マンズ・ランド)に胴体着陸し、パイロットは捕虜にならずに逃れた。その地点に到着した兵士たちが見つけたのは、機体と少佐の階級章がついているド

イツ空軍の飛行服だけだった。ここで姿を消したパイロットは12機撃墜のエース、ズラッコ・スティプティッチ少佐であると思われる。彼はドイツ空軍の飛行服や装具を身につける趣味をもっていた。第73飛行隊は2番機にも損傷をあたえたと報告している。この日、ルッコ飛行場で胴体着陸した1機があり（パイロットの名は不明）、これがこの戦闘での被弾機かもしれない。

4月16日、4機のグスタフが偵察任務のためにルッコ飛行場から出撃した。シーニュの上空でヴラディミル・サントネル曹長のBf109G-10「黒の4」（ZNDH機籍番号2104）とヨシプ・チェコヴィッチ曹長のBf109G-14「黒の10」（ZNDH機籍番号2110）は後方に遅れるように飛び、先頭の2機との間隔が開くとイタリアの飛行場に向かった——サントネルはファルコナラに、チェコヴィッチはイエジに着陸した。その4日後、ユーゴスラヴィア軍の部隊に対する攻撃に向かった4機のグスタフのうちの2機がJA側のモスタルに着陸した。ヴィンコ・タタレヴィッチ曹長（Bf109G-10「黒の3」ZNDH機籍番号2103）と撃墜11機のエース、ヨシプ・ヘレブラント少佐（Bf109G-14「黒の5」ZNDH機籍番号2105）はその場で、モスタル飛行中隊と呼ばれる部隊に編入され、ヘレブラントは副指揮官に任命された。

4月23日、撃墜15機のエース、リュデヴィト・ベンツェティッチ大尉（Bf109G-10「黒の22」ZNDH機籍番号2122）とミハユロ・イェラク少尉（Bf109G-14「黒の27」ZNDH機籍番号2127）は、ザグレブ附近でマスタング2機を撃墜した。RAF第213飛行隊の機である。しかし、イェラクは乗機が被弾したため、ヴェリカ・ゴリッツァの附近に不時着した。この2機はクロアチアのパイロットたちが第二次大戦の空対空戦闘で撃墜し、公式確認をあたえられた最後の戦果となった。

それと同じ日、ZNDHはBf109の最後の1機（K-4）を受領し、一方ではJG108から到着したばかりのミラン・グルム伍長が脱走した。彼はグスタフをブロード・ナ・サーヴィに近いイエラスに胴体着陸させ、家族と一緒になるために逃亡した。

その後、空対空戦闘はなかったが、パイロットの死亡は発生した。ZNDHの最後の戦闘機パイロット戦死は5月6日に発生した。ミハユロ・イェラク少尉とレオポルド・フラストヴチャン伍長は2機の旧式の練習戦闘機、R-100に乗ってクパ河の鉄道橋を爆撃した。ユーゴスラヴィア軍がカルロヴァッツに進撃するのを抑えるためである。フラストヴチャンの乗機は対空射撃の銃弾が命中し、彼は目標の近くに不時着し、捕らえられてその場で銃殺された。

その日の夕方、リュデヴィト・ベンツェティッチ大尉はルッコ飛行場で部下を集合させ、彼らは全員、軍人として宣誓した忠誠の義務を解除されたことと、その後の各自の行動は自由であることを発表した。翌朝、ベンツェティッチは部隊で唯一可動状態にあったBf109に乗り、オーストリアに向かって離陸した。彼の知らないことだったが、このグスタフには夜の間に地下工作員の手が加えられており、彼はチェルクリェ飛行場に不時着陸せねばならなかった。

大戦の最終段階であるこの期間に、2.LJはBf109による戦闘出撃延べ150機と訓練飛行延べ450機を重ねた。

1945年4月の初めまでには、ユーゴスラヴィア軍はユーゴスラヴィアの大きな部分を解放しており、ザグレブとリュブリャナに向かって進撃していた。道路は西に向かって移動するナチス支持派の人々で溢れ、まったく混乱状

態に陥っていた。多くのパイロットはユーゴスラヴィア軍が確保している飛行場や、イタリアとオーストリアの連合軍基地に向かって飛び、それ以外の隊員たちは英軍か米軍に降伏する機会を期待しながら、総退却の波に加わった。ザグレブは1945年5月8日、ヨーロッパでの大戦終結の日に解放されたが、ウスタシャの部隊の一部は25日までボスニア内の支配地域を確保していた。

捕虜になったZNDHの将兵の大半——英軍に降伏した者の一部も含めて——はヴォイヴォディナの捕虜収容所まで500kmもの強行軍に追い立てられ、途中で死者もかなり発生した。8月5日に全般的な恩赦が発表されたが、隊員たちは狩り立てられて収容所に収監され、その期間が数年に及ぶ者もあった。ZNDHの高位の将校、特にウスタシャの支持者と知られている者は、軍事裁判にかけられて死刑の宣告を受けた。

しかし、連合軍の戦いに貢献したクロアチア人パイロットも多かった。RAFまたは新たに誕生したユーゴスラヴィア空軍（JRV）に参加した戦闘機パイロットは少なくなかった。彼らの中からエースは生まれなかったが、そのことによって彼らの行動と献身を小さく評価するべきではない。

■第352（ユーゴスラヴ）飛行隊
No 352 (Yugoslav) Sqn

王党派のユーゴスラヴィア亡命政府と元ユーゴ王国空軍（VVKJ）幹部の要望に反して、英国政府は1944年にRAFの中にユーゴスラヴィア人民解放軍（NOVJ）支持派のユーゴスラヴィア人の部隊、2個飛行隊を編成することを承認した。隊員になったのは1941年にエジプトに脱出してきた元VVKJと海軍航空隊（PV）の乗員たち、イタリア空軍の捕虜の中のスラヴ系の者、ユーゴ内のNOVJの戦士、クロアチア独立国空軍（ZNDH）とクロアチア航空兵団（HZL）からの脱走者である。

1944年4月22日、リビアのベニナで第352（ユーゴスラヴ）飛行隊が編成され、訓練を受けた後、この部隊のスピットファイアVB／VC 16機は8月12日にイタリア南部のカンネに到着した。中隊はバルカン航空軍の第218航空団に編入され、8月18日に初めて戦闘出撃した。1945年にまずヴィースに

RAF第352（ユーゴスラヴ）飛行隊のスピットファイアVC、「MA340」。1945年3月26日にプルコス飛行場で撮影された。1943年4月にキャッスル・ブロミッジの工場で製造されたこの機は、地中海戦域でRAFの第601、第73、第87飛行隊とSAAFの第3飛行隊に配備されて長く戦った後、1944年の春に第352飛行隊に配備された。この機は1946年にRAFから除籍された。（S Ostric）

ユーゴスラヴィア空軍第111戦闘機連隊(111.LP)の Yak-9T「白の81」。1945年4月、スレム戦線での作戦の頃にソムボルに近いクプシナ飛行場で撮影。この機は第11戦闘機師団(11.LD)に配備される前、ソ連空軍第236戦闘飛行師団(236.IAD)のエースのひとりの乗機だった。風防の下の6つの星は彼の戦果を示している。これらのYakにユーゴスラヴィアの国籍標識がつけられたのは大戦後である。
(M Micevski)

第113戦闘機連隊(113.LP)のYak-3「黄色の3」の前で握手を交わす2人の元ZNDHパイロット。1945年9月、リュブリャナ飛行場にて。左側は113.LPの指揮官、ミリェンコ・リポヴシチャク少佐。1943年5月28/29日の夜、スヴェタ・ネデリヤ飛行場が組織的な攻撃を受けた後に、彼はパルチザン側に脱走した。右側は113.LP第1飛行中隊の指揮官、アンドリヤ・アラボヴィッチ少尉。彼は1944年9月2日にG.50bis「3505」に乗ってRAFのヴィース基地に着陸した。背景の機はソ連空軍のエース、第267戦闘飛行師団(267.IAD)のセルゲーイ・セルゲーイェヴィッチ・シシロフ中佐の以前の乗機であり、彼の個人マーキングがそのまま残っている。(M Micevski)

移動し、次にザダルに近いプルコスへ移動した。この中隊の任務の大半は地上部隊に対する支援のための爆撃と機銃掃射であり、スピットファイアのパイロットたちが敵機に遭遇したのは二度だけだった。

3月20日、ドイツ軍の隊列を爆撃した後、ヒンコ・ソイッチ少佐(スピットファイア、MH592)、シメ・ファビヤノヴィッチ少尉、ミルコ・コヴァッチ少尉、メフメダリヤ・ロシッチ曹長の小隊編隊はクロアチア近距離偵察飛行隊第1中隊(1./NAGr Kroatien)のHs126B 1機を発見して撃墜した。この4名はいずれも元ZNDHのメンバーだった。その6日後、2名のパイロットが第2地上攻撃航空団(SG2)の3機のFw190F-8との短い時間の遭遇戦で、撃墜不確実1機の戦果を報告した。そして最後に、4月20日、2機のスピットファイアがルッコ飛行場を攻撃し、地上でZNDHのMS406 1機を破壊し、それ以外の型の数機に損傷をあたえた。

5月9日までに第352飛行隊は戦闘出撃367回を重ねたが、その一方で大きな損害を受けた。配属されたパイロット27名のうち、訓練中に3名、戦闘により7名が死亡した。この飛行隊のパイロットの中でクロアチア人は4名——ヒンコ・ソイッチ(出撃73回)、シメ・ファビヤノヴィッチ少尉(66回)、フラーニョ・クルーズ少尉(1944年9月24日、彼の12回目の出撃の際に戦死)、ズヴォニミル・ハランベック軍曹(1944年7月1日に事故で死亡)——である。他の国籍の6名の元ZNDHパイロットも第352飛行隊で多くの戦闘出撃に参加した。

第351(ユーゴスラヴ)飛行隊
No 351 (Yugoslav) Sqn

RAFの第351(ユーゴスラヴ)飛行中隊は1944年7月1日にベニナで新編され、ハリケーンMkⅣRP戦闘爆撃機を配備された。10月10までに訓練を完了したこの飛行隊はカンネに移動し、大戦終結までここを基地として使用していた。

この部隊の主な戦闘行動はロケット弾(RP)攻撃と地上掃射であり、延べ971機ほど出撃して、その間に4名戦死と1名捕虜の損害があった。中隊の23名のパイロットのうち、クロアチア人は4名——ヨシプ・クロコツォヴニク少尉(出撃50回)、リュボミル・ドヴォルスキ軍曹(62回)、ヴラディミル・パヴィチッチ軍曹(56回)、トゥゴミル・プレベッグ

軍曹(45回)であり、その外に元ZNDHのパイロット4名がいた。

第11戦闘機師団
11. Lovacka Divizija

　1944年9月にソ連との協定が成立し、それに基づいてユーゴスラヴィア空軍(JRV)は2個師団の装備に必要な戦闘機の供給を受けることになった。機材はソ連の第17航空軍から引き渡され、第42攻撃機師団(42.JD)と第11戦闘機師団(11.LD)が編成された。

　11.LDの当初の装備はYak-1b 103機、Yak-9 14機、Yak-3 3機、Yak-7B 1機であり、1945年の1月のうちに追加のヤコヴレフ戦闘機20機が供給された。それによって第111戦闘機連隊(111.LP)、第112戦闘機連隊(112.LP)、第113戦闘機連隊(113.LP)が編成された。

　11.LDのパイロットたちは1945年1月20日に初めて戦闘出撃した。この時期の任務はクロアチア、ボスニア、スロヴェニアにわたるスレム戦線での地上戦闘の支援だった。行動の大半はシュトルモヴィークの護衛と地上掃射であり、時々ドイツ機と遭遇することもあったが、戦果をあげるには至らなかった。JRVのYakは5月15日にプレソから最後の任務——ユーゴスラヴィア・オーストリア国境上空の偵察——に出撃した。

　11.LDで戦っていたパイロット150名の中でクロアチア人の数は目立って多く、そのうちの45パーセント以上はZNDHとHZLの元メンバーだった。3名の死亡者のうちの2名、ロヴロ・マルティンチッチとヨシプ・ノヴァチェクは訓練中の事故死であり、ヨシプ・グラバル伍長は4月6日に機番22のYak-1b（機体番号48149）に乗って出撃し、ドボイ附近で対空砲火によって戦死した。

chapter 6
クロアチアのエースたち——栄誉殿堂
croatian aces — the hall of fame

　合計21名のクロアチアの戦闘機パイロットが5機またはそれ以上の撃墜戦果をあげ、エースと呼ばれる資格をもっている。21名のうち、15名が10機以上の戦果をあげている。エース全員の確認撃墜の合計は282機であり、その大部分はドイツ空軍の下でBf109に乗り、東部戦線でソ連空軍と戦った時の戦果である。

　この章では21名のエースの経歴と、差し支えない場合には、大戦後の彼らの状況を説明する。クロアチアの戦闘機パイロットたちの撃墜戦果全部のリストは、巻末の付録として収録した。

　15（クロアチア）./JG52での戦果報告には不明確さがつきまとっており、

部隊の撃墜戦果には確認をあたえられないままのものが多く、一方では数カ月後に確認をあたえられたものも少なからずあった。報告された戦果に対する評価にもさまざまなレベルがあった——「確認」と「確認をあたえず」、「容認する」と「容認不可」、「ほぼ確実」と「可能性あり」、「目撃証言あり」と「証人なし」などである(ドイツ空軍の記録では15(クロアチア)./JG52の戦果は確認撃墜259機とされている。この機数の差が生じたのはドイツ空軍とクロアチア独立国空軍(ZNDH)の間で撃墜確認の判断基準に相違があったためである)。

それとともに、この部隊の戦果を調査する上で困難な問題は、ドイツ空軍とZNDHの記録の相違である。このために戦後に長く混乱が続き、その結果、一部のパイロットたちの戦果がいまだにはっきりしていない。たとえば、最近、ベオグラードの軍事公文書保管所でマト・ドゥコヴァッツの撃墜44機を確認する文書が発見されたが、ドイツ航空省(RLM)が同じ数の撃墜を彼の戦績と認めていたか否か、今日に至っても不明である。

もうひとつ注意すべき点は、クロアチア航空兵団(HZL)のパイロットたちによる敵機型式識別は他の空軍のパイロットたちと同様に、あまり正確ではないことである。この時期のソ連空軍ではLaGG-3とYakの配備数はほぼ同じであるにもかかわらず、彼らの戦果報告ではLaGGの数が不釣り合いに多い。これは識別の誤りの結果である。そして、この時期、ことにこの戦域に配備されていなかったMiG-3が撃墜報告に含まれているのも、同様な誤認の結果である。

▎マト・ドゥコヴァッツ(撃墜44機)
Mato Dukovac (44 kills)

1818年9月23日生まれのドゥコヴァッツは、1937年にユーゴスラヴィア王国士官学校に67期生として入校する前から、熱心なグライダー乗りだった。1940年4月1日に同校を卒業して少尉に任官し、第1パイロット学校(1.PS)の訓練生に選ばれた。1941年4月の戦争の際には、ヴェリカ・ゴリッツァ飛行場に配備されていた陸軍航空隊(AV)の第2飛行中隊に勤務していた。

ドゥコヴァッツは1941年4月29日に少尉の階級でクロアチア独立国空軍(ZNDH)に入隊し、10月にドイツ空軍の飛行学校A/B120に送られた。1942年4月に戦闘機学校に進むための追加訓練が始まり、6月に第4戦闘機学校(JFS4)へ入校した。10月に他の7名の同期生とともに、東部戦線で戦っている15(クロアチア)./JG52に赴任し、部隊が11月半ばにクロアチアに帰還する前に、単機で飛んでいるI-16を撃墜した。1943年2月〜6月の第15中隊の東部戦線派遣の間に、彼は確認撃墜14機、確認外撃墜6機の戦果をあげた。その後、中尉に進級し、15(クロアチア)./JG52の指揮官に昇進した。ドゥコヴァッツは、10月21

乗機、Bf109Gのコクピットでポーズをとっているマト・ドゥコヴァッツ中尉。1943年11月、バゲロヴォ飛行場。彼は1944年2月25日に撃墜されて負傷し、ウィーンの病院に入院している時、3月29日にドイツ金十字勲章を授与された。彼はその2月25日の空戦で、撃墜される直前に、彼の44機目、そして最後の撃墜戦果をあげた。(Bundesarchiv via D Bernad)

日に中隊を率いて3回目の東部戦線での戦いに派遣された。

　1944年2月25日、ドゥコヴァッツは彼の最後の戦果となるエアラコブラ1機を撃墜したが、この日の五度目だったこの出撃でエアラコブラに撃墜されて負傷した。この時点で彼の戦果は確認撃墜37機、確認外撃墜8機（そのうちの7機は後に確認をあたえられた）である。1944年7月13日、「東部戦線での抜群の功績に対して」大尉の階級をあたえられた。ドゥコヴァッツは中隊が東部戦線のいくつもの基地を移動して戦う間も指揮官の職を続け、9月20日にソ連軍占領地区に亡命した。

　12月に彼はユーゴスラヴィア空軍（JRV）の大尉としてベオグラードにもどり、Yak戦闘機への転換訓練を修了し、1945年4月にザダル基地の1.PSの教官となった

　8月8日、彼はタイガーモスを操縦して再びイタリアへ亡命し、しばらく難民キャンプですごした後、シリア空軍に参加した。1948年の第一次アラブ・イスラエル戦争の際には、彼はレバノンのベッカー峡谷地区のエスタバル基地に配備された第1戦闘機中隊に大尉として勤務し、T-6テキサンに乗って戦闘出撃した。その後、彼はカナダに移住してビジネスマンになり、1990年9月にトロントで他界した。

　マト・ドゥコヴァッツの第二次大戦での戦果は、I-16、MiG-3、スピットファイア、La-5、Yak-9、Pe-2、A-20各1機、Yak-1 2機、DB-3 2機、エアラコブラ3機、Iℓ-2/Iℓ-2M3 12機、LaGG-3 18機（他に確認外の1機がある）である。彼の戦闘出撃は255回であり、そのうちの62回で敵機と交戦した。確認撃墜44機の戦績をあげたドゥコヴァッツは、第二次大戦中のクロアチアで最高位のエース戦闘機パイロットである。

ツヴィタン・ガリッチ（撃墜38機）
Cvitan Galic (38 kills)

　ガリッチは1909年5月5日にゴリカ村で誕生し、1930年11月1日にモスタル基地の第7航空連隊（7.VP）でパイロット訓練を修了し、1935年8月1日に第6戦闘機連隊（6.LP）に戦闘機パイロットとして配属された。

　ドイツ軍のユーゴ侵攻の時、彼はモスタル飛行場の第Ⅲパイロット学校（ⅢPS）に所属していた。ガリッチは5月にZNDHに入隊し、間もなく新編されたHZLに志願した。15（クロアチア）./JG52の最初の東部戦線派遣の間に、彼は確認撃墜24機、確認外の撃墜7機（そのうちの4機は後に確認をあたえられた）、地上での撃破2機の戦果をあげ、1942年10月22日までの間に軍曹から少尉まで4階級昇進した。

　1943年の春に、彼は確認撃墜10機と確認外撃墜2機の戦果を重ね、6月23日にドイツ空軍のドイツ金十字章を授与された。中尉に進級したガリッチは7月の間、クロアチア

Bf109G「黄色の6」の翼の上で宣伝写真撮影のためにポーズをとっている、ツヴィタン・ガリッチ少尉。1943年5月6日、タマン飛行場にて。彼は二度目の東部戦線派遣の間に確認撃墜10機、確認外撃墜2機の戦果をあげたが、そのうちの少なくとも8機はこの「黄色の6」による戦果である。
(W Raginger via D Bernad)

勲章や記章が一面に並んだツヴィタン・ガリッチの軍服の胸。1942年末に撮影。右胸のポケットにつけられているのはクロアチア航空兵団(HZL)のバッジ、「翼つきのクロアチアの盾」。上のボタンに掛けられているのは柏葉飾りつきクロアチア鉄三葉勲章3級。左胸のポケットの周囲は上方から戦闘機パイロット翼型銀勲章、2段目はクロアチア鉄三葉勲章4級と勇気に対する指導者アンテ・パヴェリッチ大銀章、その下は鉄十字勲章1級、下段はクロアチア独立国空軍(ZNDH)とドイツ空軍のパイロット記章。(HPM)

の若いパイロットの訓練のためにJG104に派遣された。10月20日に彼はZNDHにもどり、MS406とG.50を装備してボロンガイ飛行場を基地としている第22空軍飛行中隊（22.ZJ）付将校となった。

12月に家族訪問のためにビェロヴァルにいったガリッチは、PVT練習機を操縦してザグレブに帰る途中、「いささか酔っぱらい気味」で眠り込み、やっと目が覚めた時にはパルチザン支配地域にやっと不時着するだけの余裕しかなかった。彼は飛行服をうまく始末し、自分もパルチザンだと彼を捕らえた連中を説得することに成功した。48時間後に脱走して部隊に帰還したが、彼のこれまでの戦績があったために、やっとのことで厳しい処罰を免れることができた。1944年3月14日に23.ZJ（MS406 12機装備）の指揮官に任じられた。

その後間もなく4月6日、ガリッチはザルザニ飛行場が南アフリカ空軍（SAAF）のスピットファイアの奇襲を受けた時に戦死し、2週間後に死後進級により大尉になった。彼は東部戦線で439回戦闘出撃し、DB-3、Pe-2、スピットファイア、R-10各1機、MDR-6飛行艇2機、Iℓ-2 5機、MiG-1 4機、I-153 4機、I-16 5機、MiG-3 5機、LaGG-3 9機を撃墜した。

フラーニョ・ジャール（撃墜16機）
Franjo Dzal (16 kills)

ジャールは1909年4月9日、ビイェリイナで誕生した。最初、1927年にペトロヴァラディンの偵察員学校に入校し、翌年ノヴィ・サードの第1飛行連隊（1.VP）パイロット学校への入校を許され、1931年にゼムンの第6戦闘機連隊（6.LP）の戦闘機パイロットになった。大戦勃発の時、すでにウスタシャに加盟していたジャールは5.LPの副指揮官の職についていた。

1941年4月29日、彼は少佐の階級でZNDHに参加し、7月にHZLに移動した。ジャールは15（クロアチア）./JG52の初代の指揮官に信じられ、1941年10月に中佐に進級した。

この時から1942年11月までの間に戦闘出撃157回を重ね、彼は確認撃墜16機と確認外撃墜3～5機の戦果をあげた。しかし、1943年春からの部隊の二度目の東部戦線派遣期間では滅多に出撃せず、酒浸りの日々が多く、戦果はまったくなかった。ジャールは5月22日にHZLの指揮官に昇進したが、6月16日にはその職を交替させられてクロアチアにもどり、ZNDHのあまり重要でない職をあたえられた。しかし、1943年11月にはHZLの指揮官の職に復帰した。

1944年2月、大佐に進級したジャールは、その翌月、作戦担当将校としてZNDH司令部に転任した。最後には、大戦末期にスロヴェニアでユーゴスラヴィア軍部隊の捕虜になり、ベオグラードで軍事法廷での裁判を受け、その結果、1945年10月に処刑された。

1942年12月23日、ザグレブで開かれた部隊帰還歓迎式典の際のフラーニョ・ジャール。（S Ostric）

「黒の1」のコクピットで立ち上がったジャール中佐。彼は15（クロアチア）./JG52の最初の東部戦線派遣期間で第2位のエースだった。（HPM）

リュデヴィト・ベンツェティッチ（撃墜15機）
Ljudevit Bencetic (15 kills)

ベンツェティッチは1910年12月26日にザグレブで誕生し、1930年にモスタルの第7航空連隊（7.VP）での訓練を修了して、1932年に軍のパイロットになった。1940年12月には少尉と同等の階級に進級した。

大戦勃発の時、ベンツェティッチはクラリェヴォの空軍兵器廠第12基地中隊に所属し、飛行任務から外れていた。1941年5月、彼はZNDHに参加し、7月に中尉の階級でHZLに移動した。部隊の最初の東部戦線派遣の期間、ベンツェティッチの戦績は、確認撃墜14機と確認外撃墜1機であり、二度目の戦線配備の際には確認撃墜と確認外撃墜各1機だった。1943年末までの彼の出撃は合計250回であり、この年の7月から9月までの間はフュルトのJG104で教官の職を勤めた。

その後にヴィエナー・ノイシュタット基地の第1航空機空輸航空団（Fl.ü.G.1）に所属してフェリーの任務に当たった後、1943年12月に3./Kroatien JGr1（後の3./JGr Kro）の指揮官に任ぜられ、翌年2月には大尉に進級した。1944年9月にHZLの部隊の大半が解隊させられた後、彼は第5航空兵団（5.ZL）指揮下のMS406装備の部隊、第14戦闘機中隊（14.LJ）の指揮官となった。ベンツェティッチはこの隊で3回戦闘出撃し、それ以降は前進してくるパルチザン部隊との地上戦闘を指揮した。

間もなく彼はビェロヴァル飛行場の第13空軍飛行中隊（13.ZJ）の指揮官、次いで1944年11月にボロンガイ基地の第2戦闘機中隊（2.LJ）の指揮官となり、第二次大戦中のクロアチアのパイロットたちの最後の戦果をあげた。1945年4月23日にザグレブの東でRAFのマスタング1機を撃墜したのである。それから彼はオーストリアに脱出したが、英軍によって送還され、ザグレブで軍事裁判にかけられた。1945年7月に特赦を受けた後、ドイツに移住した。そこでは彼の妻、戦中にドイツ空軍女子補助員だったヘラ・シュタンパが待っていた。リュデヴィト・ベンツェティッチはルートヴィヒ・シュタンパとドイツ風に改名し、マインツ・カステルで暮らして、1980年に亡くなった。

1943年の初め、ドイツのアルプス地方で撮影されたリュデヴィト・「ルヨ」・ベンツェティッチ。(S Ostric)

サフェット・ボスキッチ（撃墜13機）
Safet Boskic (13 kills)

1909年1月31日にフォイニツァで生まれたボスニア人回教徒、「スラヴコ」・ボスキッチは1932年に飛行学校を修了し、1935年に軍のパイロットになり、1938年に戦闘機パイロットになった。1941年7月に軍曹の階級でZNDHに入隊し、間もなくHZLに移動した。

ボスキッチの撃墜戦果（確認撃墜13機、確認外撃墜3機、他に地上撃破1機）はすべて1942年11月までの部隊の1回目の戦線配備期間にあげたものだった。1942年10月に少尉に進級し、翌年の春に15（クロアチア）./JG52の技術担当将校に任命された。JG104と第1航空機空輸航空団（Fl.ü.G.1）での勤務の後、1943年12月にKro JGr1本部付技術担当将校に転任し、翌年7月にはクロアチア空軍飛行隊（HZS）全体の技術担当将校となった。1944年秋にはウィーン付近に置かれた第2技術中隊（2.TS）の指揮官となり、12月に中尉に進級した。

ボスキッチは他の将校よりも長くクロアチア兵団に勤務し、大戦終結の

1935年に撮影されたユーゴスラヴィア王国空軍（VVLJ）のパイロット、サフェット・ボスキッチの公式写真。彼の「パイロット記章」訓練コースでの成績は優秀だったので、その後、いくつもの飛行訓練学校でインストラクターとして勤務した。(MJV)

時期に捕虜になった。1945年7月に釈放され、その後はずっとザグレブで暮らし、地域の飛行クラブで活動した。1980年に死去。

ズラッコ・スティプティッチ（撃墜13機）
Zlatko Stipcic (13 kills)

　1908年12月27日、クリゼヴィッチで誕生したスティプティッチは画家としての高い能力をもっていたが、軍人になる途を選んだ。1933年に偵察員になり、翌年にはパイロット学校を修了した。1940年の間、彼は第6戦闘機連隊第162戦闘機中隊（162.LE/6.LP）に所属し、6.LPの戦闘機転換訓練コースで指導に当たり、その後にニーシュの第Ⅲパイロット学校（ⅢPS）に転任した。1941年4月の短い戦いでは、彼はドイツ機、イタリア機との戦闘に6回出撃し、Ju88 1機撃墜とカントZ.1007 1機撃破の戦果を報告した。

　スティプティッチは1941年4月に大尉としてZNDHに参加し、7月にHZLに移動した。1942年5月に撃墜のスタートを切り、2カ月のうちに確認撃墜12機、確認外撃墜2機の戦果を記録した。9月には本国に帰還し、上級大尉に進級した。1943年の春に始まった彼の二度目の東部戦線派遣の期間、スティプティッチは主に本部将校の任務についた。5月には再び編成された第11空軍戦闘機中隊（11.ZLJ）の指揮官となり、次に12.ZLJ に移り、夏にはJG104と第1航空機空輸航空団（Fl.ü.G.1）に勤務した。

　彼は12月にHZL本部に転任し、1944年2月に少佐に進級した。その後、クロアチア空軍飛行隊（HZS）の連絡将校として東プロイセンに駐在したが、ドゥコヴァッツが亡命した後にクロアチアに帰国し、第1空軍飛行隊（1.ZS）指揮官となった。スティプティッチはボロンガイとルッコから戦闘に出撃し、鹵獲したスピットファイアⅨのテストも行なった。12月30日、彼は逮捕されて10日間投獄されたが、釈放されると第2空軍飛行中隊（2.ZJ）とともに戦闘出撃を続けた。大戦後、スティプティッチはザグレブに残り、ユーゴスラヴィア空軍（JRF）に参加したが、1946年に歩哨の誤った射撃を受けて死亡した。

マト・チュリノヴィッチ（撃墜12機）
Mato Culinovic (12 kills)

　チュリノヴィッチは1907年6月8日にザグレブ近郊のスヴェティ・イヴァン・ゼリナで出生した。1928年にパイロット学校を修了し、1931年に軍のパイロットになり、1937年に戦闘機パイロットに転じた。大戦前からウスタシャに加盟していた彼は第205爆撃機中隊（205.BE）の指揮官に任じられ、1941年4月に少佐に進級した。

　彼は1941年7月に少佐の階級でZNDHに参加し、8月19日にフュルトの第4戦闘機学校（JFS4）に送られた。10月に15（クロアチア）./JG52が東部戦線に配備された時、チュリノヴィッチはその副指揮官であり、1942年2月に一日でI-16 2機を撃墜して以来、7月までに確認撃墜12機、確認外撃墜6機の戦果を重ねた。彼は8月にクロアチアに帰り、翌月にボロンガイ飛行場に配備された第1空軍飛行隊（1.ZS）の指揮官に任じられた。1942年10月7日、人民解放運動（NOP）に同調する整備員の破壊工作の結果、作戦行動中のチュリノヴィッチの乗機、Do17Kが爆発し、彼は死亡した。

1941年末、マリウポリ飛行場で撮影されたズラッコ・スティプティッチ大尉。1941年4月にドイツ機1機を撃墜した彼は、10月に東部戦線でドイツ空軍の爆撃機をソ連機と誤認して損傷をあたえ、6カ月飛行禁止の処分を受けた。しかし、この措置が解除されるとすぐに、彼は優れた戦闘機パイロットとして腕前を広く認められた。(J Novak)

1931年、VVKJのパイロットだった頃のチュリノヴィッチの公式写真。彼は大戦前に曲技飛行の技量で有名であり、国王台覧の競技に何度か出場したが、特に目立った成績をあげるには至らなかった。(MJV)

ヴェーツァ・ミコヴィッチ（撃墜12機）
Veca Mikovic (12 kills)

　ミコヴィッチはスボティッツァで1914年1月7日に誕生した。1938年に航空整備員になり、1939年に第2パイロット学校（2.PS）を修了し、1940年11月にニーシュの第Ⅲパイロット学校（ⅢPS）に入校した。彼は1941年5月に伍

VVKJの第3混成航空旅団の幹部将校たち。1940年、ペトロヴァッツ飛行場。左端の人物、レオニード・バイダーク少佐はロシア人で、後にZNDHと枢軸軍に協力したロシア解放軍航空部隊で高位に昇進した。左から3人目は第205爆撃機中隊（205.BE）の指揮官、マト・チュリノヴィッチ。ZNDHは元VVKJのDo17K 11機を引き継いだが、1942年10月7日にチュリノヴィッチがそのうちの1機で飛んでいる時に爆発が起き、彼は死亡した。彼は部下に嫌われる将校だった。
（P Bosnic）

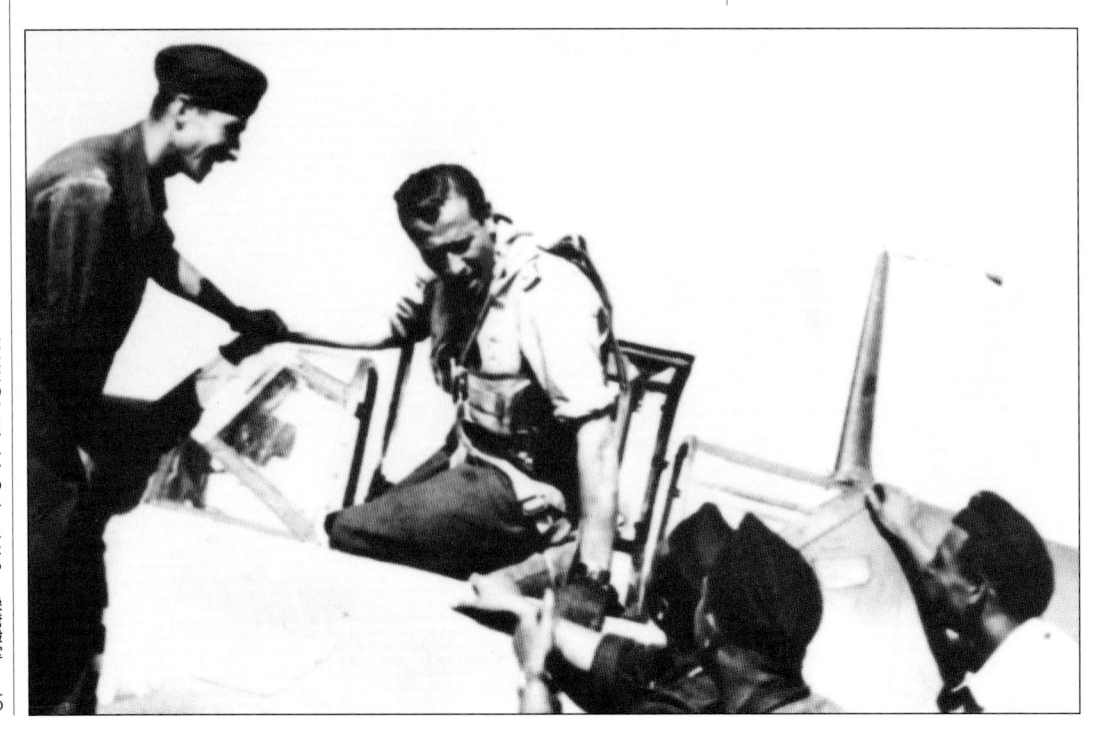

長としてZNDHに入隊し、7月にHZLに移動した。ミコヴィッチは12月に東部戦線に到着し、1942年3月に一日のうちにI-16 2機を撃墜して戦果を伸ばし始めた。4月7日に彼とツヴィタン・ガリッチはクロアチアの初めてのエースとなった。1942年7月20日に彼は空戦で戦死したが、それまでに曹長に昇進していた。彼の戦果は確認撃墜10機、確認外撃墜4機（そのうちの2機は後に確認があたえられた）である。

エドゥアルド・マルティンコ（撃墜12機）
Eduard Martinko (12 kills)

1917年9月2日にカルロヴァツツ近郊のゲネラルスキ・ストルで誕生したマルティンコは、ユーゴスラヴィア内のチェコ少数民族の出身だった。1939年9月に伍長の階級の海軍の航空整備員になった。SIM-XIV水上機を装備した海軍航空隊（PV）の第1水上機中隊（1.HS）に配属され、1941年4月にユーゴが崩壊するまでこの中隊に勤務していた。5月に伍長としてZNDHに入隊し、サライェヴォとペトロヴァラディンで整備員として勤務した後、ボロンガイ飛行場の第1下士官訓練中隊（1.DPJ）でパイロット訓練を受ける途に進んだ。

10月に軍曹に進級したマルティンコは、A/B123とJG104での訓練を修了して戦闘機パイロットになり、1943年10月に三度目の東部戦線配備に向かう15（クロアチア）./JG52に配属された。この部隊で彼は24回の出撃によって確認撃墜10機、確認外撃墜3機（2機は後に確認戦果となった）の戦果をあげた。その一方で彼は不時着5回を重ねた。1944年1月初めの5回目の不時着の際、マルティンコは重傷を負い、ドイツの病院に後送された。彼は曹長に進級し、春には1./JGr Kro（彼の所属部隊の新しい呼称。基地はクロアチア内に移っていた）に復帰した。

1945年4月、彼はルッコ飛行場の第2戦闘機中隊（2.LJ）に転属したが、訓練飛行だけに制限されていた。彼は航空将校教育コースを修了した時に、スロヴェニアで捕虜になり、ルーマニア国境に近い捕虜収容所まで長距離行軍させられた。彼は何回もの不時着で受けた負傷の後遺症と、収容所での栄養不足から完全に回復することができないまま、1970年代にザグレブで死去した。

スティエパン・マルティナシェヴィッチ（撃墜11機）
Stjepan Martinasevic (11 kills)

マルティナシェヴィッチはブロード・ナ・サーヴィで1913年12月14日に出生した。彼は1934年に航空整備員の訓練を受け、軍曹となった。その翌年、彼はパイロット記章を授与され、1938年には一人前の軍パイロットになった。

ドイツ軍のユーゴ侵攻の時、彼は第Ⅲパイロット学校（ⅢPS）の教員の職務についていた。1941年7月にZNDHに入隊し、間もなくHZLに移り、そこで曹長に進級した。彼は1942年に3月に最初の戦果、I-16 1機を撃墜し、9月までに撃墜11機に達して、その間に准尉に進級した。二度目の東部戦線派遣では戦果はなく、JG104で3カ月教員の職務についた後、見習士官に進級して第1航空機空輸航空団（Fl.ü.G.1）に転任した。この航空団でマルティナシェヴィッチは航空機フェリーの任務につき、欧州南東全体にわたって飛んだ。

ヴェーツァ・ミコヴィッチ伍長の公式ポートレート。1939年、クラリェヴォの第2パイロット学校（2.PS）を修了した時に撮影された。(MJV)

1935年に撮影されたスティエパン・マルティナシェヴィッチの公式写真。第二次大戦がユーゴスラヴィアに及んできた時、彼は第Ⅲパイロット学校（ⅢPS）のインストラクターとしてモスタル基地に勤務していた。(MJV)

左頁下●Bf109E-3「緑の15」のコクピットから出ようとしているヴェーツァ・ミコヴィッチ。1942年6月20日に撮影。そのちょうど1カ月後、彼は単機で飛んでいるペトリャコフPe-2爆撃機を攻撃している時に戦死した。(J Novak)

スティエパン・マルティナシェヴィッチ（左から2人目）と同僚のパイロットたち。背景はポテーズPo25A2ジュピテル複座地上直協機。1930年代の末、モスタル飛行場で撮影された。(A Ognjevic)

1943年12月23日、ベオグラード附近を飛行中に悪天候の中で事故が発生して死亡した。

ヨシプ・ヘレブラント（撃墜11機）
Josip Helebrant (11 kills)

ヘレブラントは1910年10月14日にカルロヴァッツで誕生した。彼は最初に偵察員の訓練を受け、その後にノヴィ・サードの第1航空連隊（1.VP）の訓練コースを修了して、1936年にパイロット記章を胸につけた。

1938年に大尉に進級しており、ドイツ軍侵攻の時期にはクルシェドウ飛行場に配備されていた第6戦闘機連隊第32戦闘機大隊（32.LG/6.LP）の第16飛行場中隊（16.AC）の指揮官だった。1941年6月に大尉の階級でZNDHに参加し、8月にHZLに移動した。

1942年10月までに、彼は確認撃墜10機、確認外撃墜2機（1機は後に確認戦果とされた）の戦績を記録した。二度目の東部戦線派遣では撃墜数の増はなく、1943年のうちにJG104に転任し、次に第1航空機空輸航空団（Fl.ü.G.1）に移動した。12月には上級大尉に進級し、HZLのクロアチア第1戦闘飛行隊第2中隊（2./Kroatien JGr1。後に2./JGr Kroと改称された）の指揮官に任じられた。ヘレブラントは少佐に進級した後、ZNDHに復帰し、1944年8月にサライェヴォ＝レロヴァッツの第1空軍飛行隊（2.ZS）の指揮官の職について、時には戦闘出撃した。12月に彼は第1空軍戦闘機飛行隊（1.ZLS）の初代（そして最後）の指揮官に任命されたが、1945年初めにはZNDH司令部に転任した。4月20日、ヘレブラントはユーゴスラヴィア軍（JA）に亡命し、モスタル飛行中隊の副指揮官に任命された。

大戦終結から間もなく退役し、このエースは事務員になってザグレブで暮らし、1990年に死去した。大戦中、戦闘任務についている間に、彼は5回不時着したが、無事に生き残った。彼の戦果はLaGG-3 3機、Iℓ-2 2機、DB-3 2機、Pe-2、R-5、I-16、MiG-3各1機である。

2./Kro JGr1の指揮官、ヨシプ・ヘレブラント大尉。1943年末にザグレブの自宅で撮影。彼は冷静で率直な性格の人物であり、部下の間で人気が高かった。(S Ostric)

アウビン・スタルツィ（撃墜11機）
Albin Starc (11 kills)

　スタルツィは1916年12月20日、リイェカ近くのクラリェヴィッツァで誕生した。1940年に第1パイロット学校（1.PS）を修了し、中尉に進級した。ユーゴが大戦に巻き込まれた時、彼は第Ⅲパイロット学校（ⅢPS）のコースを修了したばかりだった。

　1941年4月、中尉の階級でZNDHに参加し、7月にHZLに移動した。同年11月にI-16 1機を撃墜し、1942年10月までに確認撃墜9機、確認外撃墜3機（2機は後に確認戦果とされた）の戦績をあげた。スタルツィはソ連軍の対空射撃により撃墜された時には生き延びたが、1943年2月に部隊がクリミアへ二度目の派遣で出発した時には、健康上の問題でザグレブに残ることになった。

　彼は戦前から共産党の同調者であり、1943年5月、229回目の出撃の際にソ連軍の戦線内に亡命した。亡命の後、スタルツィはクラスノダルでYak戦闘機の訓練を受け、1945年9月に第254戦闘機中隊（254.LP）を編成するためにユーゴに送られた40機のYak-3の1機のパイロットとして母国に帰還した。このエースは戦後もユーゴスラヴィア空軍（JRV）に残って、主に訓練部隊に勤務し、1970年代に大佐の階級で退役した。スタルツィが将官に昇進しなかったのは、彼の大戦中期までの経歴が原因だったといわれている。彼はユーゴのゼムンで暮らしている。

アウビン・スタルツィ少尉のこの写真は、1940年に彼がパンケヴォの第1パイロット学校（1.PS）を修了した時に撮影された。それから50年後の1990年5月18日に、彼は「金のパイロット・バッジ」を贈呈された。(MJV)

トミスラヴ・カウズラリッチ（撃墜11機）
Tomislav Kauzlaric (11 kills)

　1907年12月21日にデルニケ近郊のブロード・ナ・クピで出生したカウズラリッチは、1932年に第7航空連隊（7.VP）でパイロット記章を授与され、1935年に第一線の軍人パイロットになった。

　その後、彼は戦闘機パイロットの訓練を受けた。1941年4月、カウズラリッチはドイツ軍の捕虜になった後、曹長の階級でZNDHに入隊し、7月にHZL

かなり老けて見えるトミスラヴ・「トマ」・カウズラリッチがBf109G「黒の4」から降りてくる場面。1942年の夏、アルメニアのアルマヴィル飛行場で撮影。このグスタフ4号機にはいく人ものクロアチアのパイロットが乗って戦い、ソ連機を少なくとも4機撃墜する戦果をあげた。(Authors)

へ移動した。1942年9月までに見習士官に昇進し、彼の最後の戦果となる11機目を撃墜した後、翌月に負傷して治療のためにドイツに送られた。1943年5月、少尉に進級したばかりのカウズラリッチは15（クロアチア）./JG52に復帰したが、負傷からの回復が十分でなく、クロアチアに送還された。

　1943年の夏、彼はボロンガイ飛行場の第1空軍飛行中隊（1.ZJ）で飛行任務を再開し、10月に21.ZJに転任した。その後、新編された2.ZJに移動し、この時期にはテスト・パイロットの任務も担当して、鹵獲したスピットファイアIXをテストした。1945年2月、ルッコ飛行場での事故によって重傷を負ったが、4月には中尉に進級して、回復後に2.ZJに復帰した。5月7日、彼はユンカースW34を操縦してイタリア北部へ飛び、連合軍に投降した。捕虜収容所から解放された後、カウズラリッチは妻と再会し、フランスに移住した。1960年代初めにユーゴに帰ってスポティカに落ちつき、1996年10月31日に死去した。

▌ヴラディミル・フェレンツィナ（撃墜10機）
Vladimir Ferencina (10 kills)

　フェレンツィナは1905年10月17日、ビスクペッツで誕生した。1934年にノヴィ・サードの第1航空連隊（1.VP）でパイロット記章を得て、2年後に戦闘機パイロットになった。ドイツ軍侵攻の時には、彼はバニャ・ルカ近郊のロヴィネ基地の第69爆撃機連隊第218爆撃機中隊（218.BE/69.BP）を指揮する上級大尉だった。

　1941年4月、フェレンツィナは大尉の階級でZNDHに参加し、7月にHZLに転任した。彼はその年の11月、15（クロアチア）./JG52の最初の撃墜戦果をあげた。翌年の8月までに彼は少佐に進級し、確認撃墜10機、確認外撃墜4〜6機を記録した。1943年5月、彼は第10空軍戦闘機中隊（10.ZLJ）の指揮官に任命され、7月にはJG104に転任した。その後、彼はHZLとその後身であるHZSの副指揮官の職につき、1944年8月にZNDHに復帰して、モスタル＝ヤセニツァ基地の第3航空兵団（3.ZL）の副指揮官となった。秋には第2空軍飛行隊（2.ZS）の指揮官に転任した。この飛行隊は大戦の終末期にザグレブ周辺のいくつもの飛行場に散開しており、パイロットの大半と同様にフェレンツィナもパルチザンの支配地域に脱出し、彼はそこで逮捕された。1948年にユーゴがソ連の体制と絶縁した時期に彼は刑務所から釈放され、それ以降、ザグレブで暮らして1980年代の末に没した。

トミスラヴ・カウズラリッチの公式写真。1930年代半ば、彼が第6戦闘機連隊（6.LP）に所属していた時期に撮影された。彼は准尉として第104戦闘機中隊（104.LE）に配属されている時、1941年4月6日にドイツ空軍のBf110 1機を撃墜した。彼のこの実戦デビューの3日後、彼は部隊とともにビイェリイナに後退し、次にサライェヴォに移動し、そこでドイツ軍の捕虜になった。(MJV)

ヴラディミル・フェレンツィナとBf109E「緑の15」。1942年の春、エウパトリア飛行場で撮影された。(S Ostric)

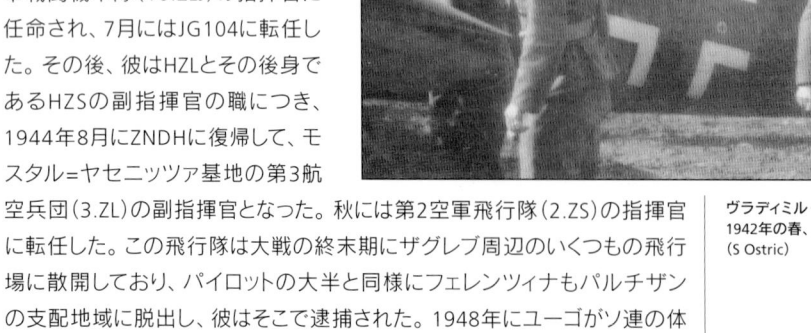

▌ズデンコ・アヴディッチ（撃墜10機）
Zdenko Avdic (10 kills)

　1922年8月13日、オミシュで誕生したアヴディッチは、1941年夏にパイロ

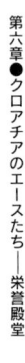

ット訓練募集に合格し、第1下士官訓練飛行中隊（1.DPJ）、A/B123、JG104のコースを修了して、1943年10月に戦闘機パイロットになった。伍長の階級でクリミア戦線に送られ、11月に最初の撃墜戦果をあげた。彼はその月のうち、彼の18回目の出撃で10機目の戦果であるLaGG-3 1機を撃墜したが、この戦闘で重傷を負って左腕を失った。オデッサの病院に後送され、1カ月後にドイツ国内の空軍傷病者回復センターに移された。

1944年4月、彼は義手をつけてザグレブに帰り、ZNDH司令部での任務についた。7月までに3階級上の曹長に昇進し、1945年5月には将校教育コースを修了したが、大戦終結とともに逮捕されて捕虜収容所に送られた。アヴディッチは収容所から解放されたが、すぐに再逮捕され、その後の18カ月間を刑務所ですごした。釈放後に彼はザグレブの企業に事務員として就職し、総支配人に昇進した後、1982年に引退した。彼は2000年11月22日に死去した。彼の戦果はLaGG-3 4機、P-39 2機、La-5 1機、Iℓ-2M3、Yak-1、A-20各1機である。

カメラに向かって微笑みかけるヴラディミル・フェレンツィナ少佐。1943年4月23日、タマンにて。彼はこの月に東部戦線で16回出撃したが、戦果は延びなかった。部隊本部でのスタッフの業務が増してゆき、間もなく彼に戦闘出撃の機会はなくなった。(S Ostric)

ボジダル・M・バルトゥロヴィッチ（撃墜8機）
Bozidar M Bartulovic (8 kills)

バルトゥロヴィッチは1923年5月25日、ベオグラード生まれである。クラリェヴォの第2パイロット学校（2.PS）入校の前はゼムンに住んでいた。1941年4月1日に伍長の階級でコースを修了した。

5月にZNDHに伍長として入隊したバルトゥロヴィッチは、1942年10月にA/B120と第4戦闘機学校（JFS4）での戦闘機パイロット訓練を修了した。15（クロアチア）./JG52の一度目の東部戦線配備期間の終わり近くに配属されたが、実戦出撃の機会はなかった。1943年春、中隊が二度目に東部戦線へ配備されると、バルトゥロヴィッチは20日たらずのうちにLaGG-3 8機を撃墜した。

4月10日に軍曹に進級した彼は、その後にJG104と第1航空機空輸航空団（Fl.ü.G.1）に勤務し、12月に2./Kro JGr1に転属した。バルトゥロヴィッチはこの中隊で1944年7月までC.202とC.205を操縦して飛び、確認外とされたがB-24 1機を撃墜した。その後、ZNDHに復帰してボロンガイ飛行場の第2戦闘機中隊（2.LJ）に配属された。この中隊で彼はFi167を操縦していたが、10月10日にシサク附近でRAFのマスタングに撃墜された。彼は落下傘降下したが、.50口径（12.7mm）の機銃弾で頭蓋骨に重傷を負い右の眼球を失った。

ザグレブで長期間の治療を受けた後、バルトゥロヴィッチは将校教育コースに進んだ。教育修了の直後、大戦終結とともに捕虜収容所に送られ、1946年初めにそこから解放されたが、その後に再び逮捕されて裁判で懲役15年を宣告された。1954年に釈放されたバルトゥロヴィッチはエンジニアリングを学び、1970年までスコピエで暮らした。その後、ドイツに移住し、1985年10月15日にミュンヘンで死去した。

ボジダル・「ボスコ」・バルトゥロヴィッチの公式写真。1940年、彼がクラリェヴォ基地の2.PSに在籍し、VVKJの訓練生だった時期に撮影された。バルトゥロヴィッチは下級将校にすぎなかったのだが、戦後に他の15（クロアチア）./JG52のメンバーよりも長く投獄されていた。その理由は不明である。(Authors)

ヨシプ・クラニッツ（撃墜9機）
Josip Kranjc (9 kills)

クラニッツは1922年1月22日、ビェロヴァルで誕生した。1941年夏にパイロット募集で採用され、第1下士官訓練飛行中隊（1.DPJ）、A/B123、JG104で訓練を受け、1943年3月に伍長に進級し、同月にパイロット記章を

授与された。クラニッツは1943年10月にクリミア半島に着任し、数週間のうちに初戦果をあげた後、早いペースで撃墜8機を重ねた。彼は1943年12月21日、ペレコフ附近で飛行機事故のために死亡した。

ユーレ・ラスタ（撃墜8機）
Jure Lasta (8 kills)

　1915年1月27日、モスタルに近いツィームで誕生したラスタは、1939年にまず航空整備員となり、その年のうちにクラリェヴォの第2パイロット学校（2.PS）を修了し、それからニーシュの第IIIパイロット学校（IIIPS）を修了して1940年11月に戦闘機パイロットになった。1941年5月、ラスタは伍長の階級でZNDHに入隊し、7月にはHZLに移動して軍曹に進級した。彼は15（クロアチア)./JG52に配属され、12月にマリウポリに着任した。1942年3月に初戦果、I-16 1機を撃墜したが、その後に肝炎のために入院せねばならなかった。この病気を抱えながら、ラスタは見習士官、次に少尉と昇進し、1942年10月28日に8機目の撃墜を記録した。しかし、基地へ向かう途中、彼のBf109のエンジンが爆発し、ビイェラヤ河の近くに墜落して彼は戦死した。

Bf109E-3「緑の15」の前で語り合っているサフェット・ボスキッチとユーレ・ラスタ。1942年5月、マリウポリ飛行場にて。エーミールの下向き位置のプロペラ翅を注意深く見ると、最近の戦闘での弾痕が写っている。(HPM)

ユーレ・ラスタの卒業写真。1939年に2.PSのコースを修了した後に撮影された。この写真撮影の時、彼の階級は軍曹だったのだが、彼は胸に中尉の肩章をつけている。著者たちはその理由を調べ出すことができなかった。(MJV)

ドラグティン・ガザピ (撃墜7機)
Dragutin Gazapi (7 kills)

ガザピは1922年9月2日、ザグレブ近郊のクリーズで出生した。1941年にパイロット訓練生に採用され、第1下士官訓練飛行中隊 (1.DPJ)、A/B123、JG104で訓練を受けた。1943年3月にパイロット記章を授与され、伍長に進級し、10月には全コースを修了して戦闘機パイロットになった。

ガザピは10月の末に最初の戦果をあげたが、11月には逆にソ連の数機のP-39によって撃墜された。この墜落は無傷で切り抜けたが、彼は11月27日、次のエアラコブラとの空戦で戦死した。早すぎる戦死までの間にガザピがあげた戦果は確認撃墜7機、確認外撃墜1機である。

ヴラディミル・クレース (撃墜6機)
Vladimir Kres (6 kills)

彼は1921年11月10日、ザグレブでヴラディミル・ナホドとして誕生したが、出生後1年もたたないうちに孤児となり、1944年にクレースという姓に変えた。パイロット訓練生募集に合格し、第1下士官訓練飛行中隊 (1.DPJ)、A/B123、JG104でのコースを修了して1943年3月に戦闘機パイロットになり、伍長に進級した。クレースはただちに、3回目の東部戦線派遣で戦っている15 (クロアチア)./JG52に配属された。1944年3月までに、彼は確認撃墜5機、確認外撃墜3機 (1機は後に確認撃墜とされた) の戦果をあげたが、この時には彼は部隊でただひとりの戦闘可能なパイロットになっていた。1944年5月に軍曹に進級したクレースは、1945年2月にクロアチアへもどり、ルッコ飛行場の第2空軍飛行中隊 (2.ZJ) に配属された。5月の初めに2機のユンカ

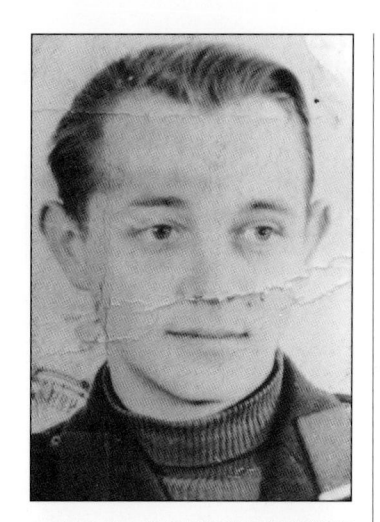

1941年夏、ボロンガイ飛行場の第1下士官訓練飛行中隊 (1.DPJ) の訓練生だった時期のドラグティン・ガザピ。彼は1カ月のうちに確認撃墜7機、確認外1機の戦果をあげたが、長く戦い続けることはできず、1943年11月27日に敵戦闘機に撃墜されて戦死した。(J Novak)

「エース整列」。左から右へ、カウズラリッチ、ガリッチ、ラディッチ、チュリノヴィッチ、フェレンツィナ、ボスキッチ。1942年5月、写真撮影のために出撃前作戦説明の場面がしつらえられた。スティエパン・ラディッチは1942年8月29日に戦死したが、この時に彼は15 (クロアチア)./JG52で最も若いパイロットだった。(HPM)

ースW34がイタリアへ飛び、連合軍に降伏したが、彼はその1機に便乗していた。大戦終結後に彼はユーゴスラヴィアに帰国し、映画会社の職について、戦争映画の飛行場面の製作に協力した。彼はザグレブに在住している。

■ スティエパン・ラディッチ（撃墜5機）
Stjepan Radic (5 kills)

ラディッチは1920年4月8日、シーニュで出生した。大戦勃発のすぐ前に第Ⅲパイロット学校（ⅢPS）を修了し、伍長に進級していた。1941年5月にZNDHに入隊し、7月に伍長の階級でHZLに移動した。1941年12月、マリウポリを基地としていた15（クロアチア）./JG52に配属され、翌年の3月に初撃墜を記録した。軍曹に進級した後、1942年8月29日に彼の5機目の、そして最後の確認撃墜戦果（Ⅰℓ-2、トゥアプセ附近にて）をあげたが、彼の乗機は対空砲火を被弾した。彼は火を噴いている機で不時着しようと試みたが、樹木に衝突し、脱出するチャンスはなかった。

付録
appendices

A：クロアチア独立国空軍（ZNDH）／クロアチア航空兵団（HZL）パイロットの第二次世界大戦中の空中戦果

姓名・階級	民族	VVKJとRAFでの戦果	東部戦線（確認）	東部戦線（確認外）	NDH（確認）	NDH（確認外）
マト・ドゥコヴァッツ大尉	クロアチア	-	44	1	-	-
ツヴィタン・ガリッチ大尉	クロアチア	-	38	5	-	-
フラーニョ・ジャール大佐	クロアチア	-	16	3-5	-	-
リュデヴィト・ベンツェティッチ大尉	クロアチア	-	15	2	1	-
サフェット・ボスキッチ中尉	ボスニア	-	13	3	-	-
ズラッコ・スティプティッチ少佐	クロアチア	1	12	2	-	-
マト・チュリノヴィッチ少佐	クロアチア	-	12	6	-	-
ヴェーツァ・ミコヴィッチ曹長	クロアチア	-	12	2	-	-
エドゥアルド・マルティンコ曹長	チェコ	-	12	1	-	-
ヨシプ・ヘレブラント少佐	クロアチア	-	11	1	-	-
アウビン・スタルツィ中尉	スロヴェニア	-	11	1	-	-
スティエパン・マルティナシェヴィッチ見習士官	クロアチア	-	11	-	-	-
トミスラヴ・カウズラリッチ中尉	クロアチア	1	10	-	-	-
ヴラディミル・フェレンツィナ少佐	クロアチア	-	10	4-6	-	-
ズデンコ・アヴディッチ准尉	クロアチア	-	10	-	-	-
ボジダル・バルトゥロヴィッチ軍曹	クロアチア	-	8	-	1	1
ヨシプ・クラニッツ伍長	スロヴェニア	-	9	-	-	-
ユーレ・ラスタ少尉	クロアチア	-	8	-	-	-
ドラグティン・ガザピ伍長	クロアチア	-	7	1	-	-
ヴラディミル・クレース軍曹	クロアチア	-	6	2	-	-
スティエパン・ラディッチ軍曹	クロアチア	-	5	3	-	-
イヴァン・バルテイッチ	クロアチア	-	4	1	-	-

姓名・階級	民族	VVKJとRAFでの戦果	東部戦線（確認）	東部戦線（確認外）	NDH（確認）	NDH（確認外）
アウビン・スヴァル伍長	スロヴェニア	-	3	2	-	-
ヴィクトル・ミヘウチッチ曹長	スロヴェニア	-	2	-	-	-
ニコラ・ヴツィナ	セルビア	-	2	-	-	-
イヴァン・クリッチ伍長	クロアチア	-	-	-	1	2
アシム・コルフト伍長	ボスニア	-	-	-	1	1
ヤコブ・ペトロヴィッチ伍長	クロアチア	-	-	-	1	1
レオポルド・フラストヴチャン伍長	クロアチア	-	-	-	1	1
ヴラディミル・サントネル伍長	スロヴァキア	-	1	1	-	-
ヨシプ・イェラチッチ軍曹	クロアチア	-	1	1	-	-
イヴァン・ルブチッチ中尉	クロアチア	1	-	-	-	-
エドゥアルド・バンフィッチ中尉	スロヴェニア	1	-	-	-	-
ヤンコ・ドブニカル大尉	スロヴェニア	2	-	-	-	-
ニコラ・チヴィキッチ大尉	セルビア	-	1	-	-	-
ヴィリム・アツィンゲル大尉	ドイツ	-	1	-	-	-
イヴァン・イェルゴヴィッチ中尉	クロアチア	-	1	-	-	-
ジーヴコ・ジャール少尉	クロアチア	-	1	-	-	-
ミハユロ・イェラク少尉	クロアチア	-	-	-	-	1
イェロニム・ヤンコヴィン軍曹	クロアチア	-	1	-	-	-
ヴラディミル・サラモン伍長	クロアチア	-	1	-	-	-
ヨシプ・チェコヴィッチ伍長	クロアチア	-	-	-	-	1
シメ・ファビヤノヴィッチ少尉	クロアチア	1/4	-	-	-	-
ミルコ・コヴァチッチ見習士官	スロヴェニア	1/4	-	-	-	-
メフメダリヤ・ロシッチ見習士官	ボスニア	1/4	-	-	-	-

B：階級の比較

ユーゴスラヴィア王国空軍	略号（意味）	クロアチア独立国空軍	略号（意味）	ドイツ空軍の相当階級
pukovnik	puk（大佐）	pukovnik	puk（大佐）	Oberst
potpukovnik	ppuk（中佐）	podpukovnik	ppuk（中佐）	Oberstleutnant
major	maj（少佐）	bojnik	boj（少佐）	Major
kapetan Ⅰ klase	kⅠk（上級大尉）	nadsatnik	nsat（上級大尉）	-
kapetan Ⅱ klase	kⅡk（大尉）	satnik	sat（大尉）	Hauptmann
porucnik	por（中尉）	nadporucnik	npor（中尉）	Oberleutnant
potporucnik	ppor（少尉）	porucnik	por（少尉）	Leutnant
narednik-vodnik Ⅰ klase	nv Ⅰk（見習士官）	zastavnik	zast（見習士官）	Oberfähnrich
narednik-vodnik Ⅱ klase	nv Ⅱk（准尉）	castnicki namjestnik	cas nam（准尉）	Stabsfeldwebel
narednik-vodnik Ⅲ klase	nv Ⅲk（曹長）	stozerni narednik	st nar（曹長）	Oberfeldwebel
narednik Ⅰ klase	nar Ⅰk（上級軍曹）	narednik	nar（軍曹）	Feldwebel
narednik Ⅱ klase	nar Ⅱk（軍曹）	-	-	Unterfeldwebel
podnarednik Ⅰ klase	pn Ⅰk（上級伍長）	vodnik	vod（伍長）	Unteroffizier
podnarednik Ⅱ klase	pn Ⅱk（伍長）	-	-	Stabsgefreiter
kaplar	kap（1等飛行兵）	razvodnik	razv（1等飛行兵）	Obergefreiter
-	-	desetnik	des（2等飛行兵）	Gefreiter

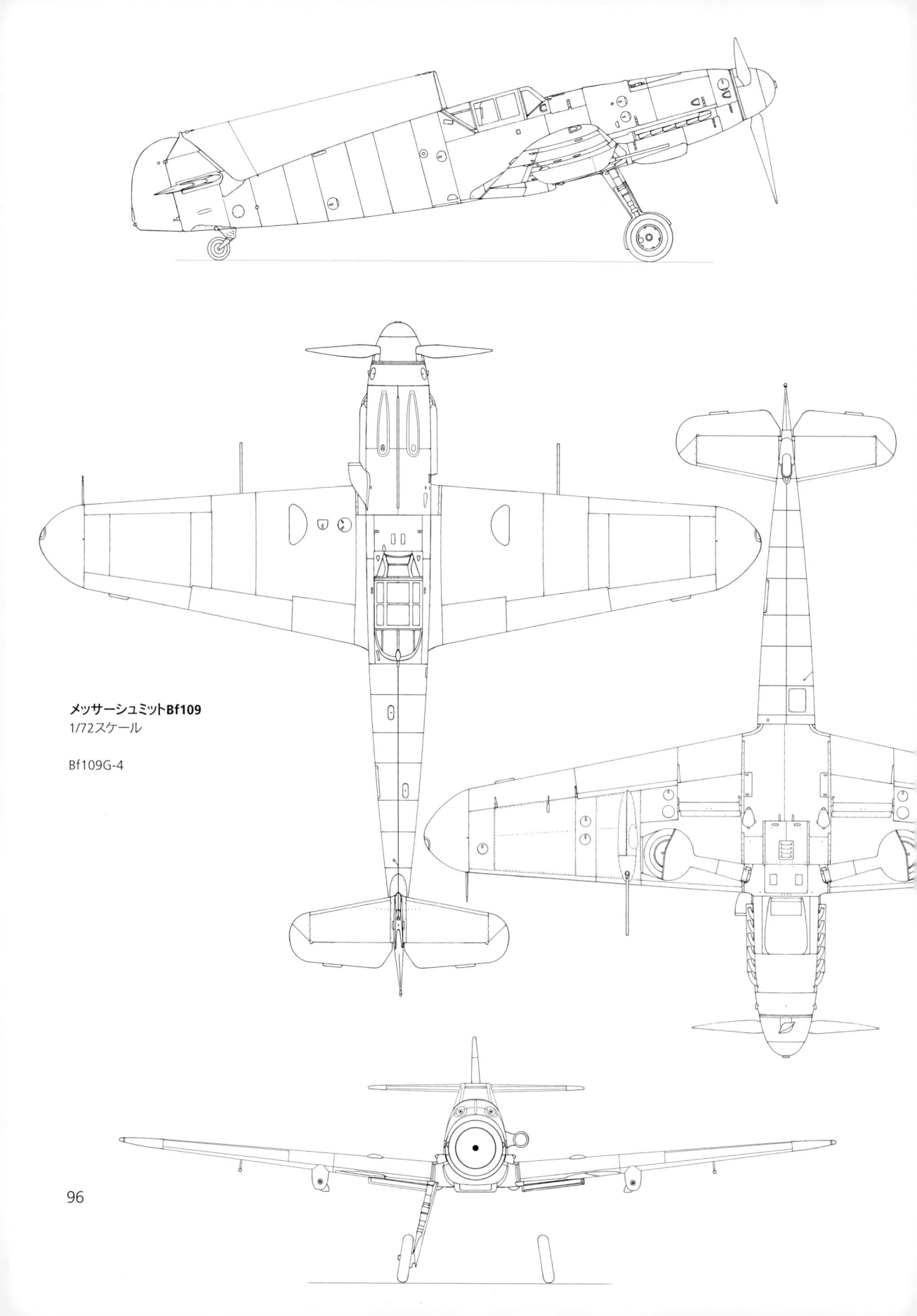

メッサーシュミット Bf109
1/72スケール

Bf109G-4

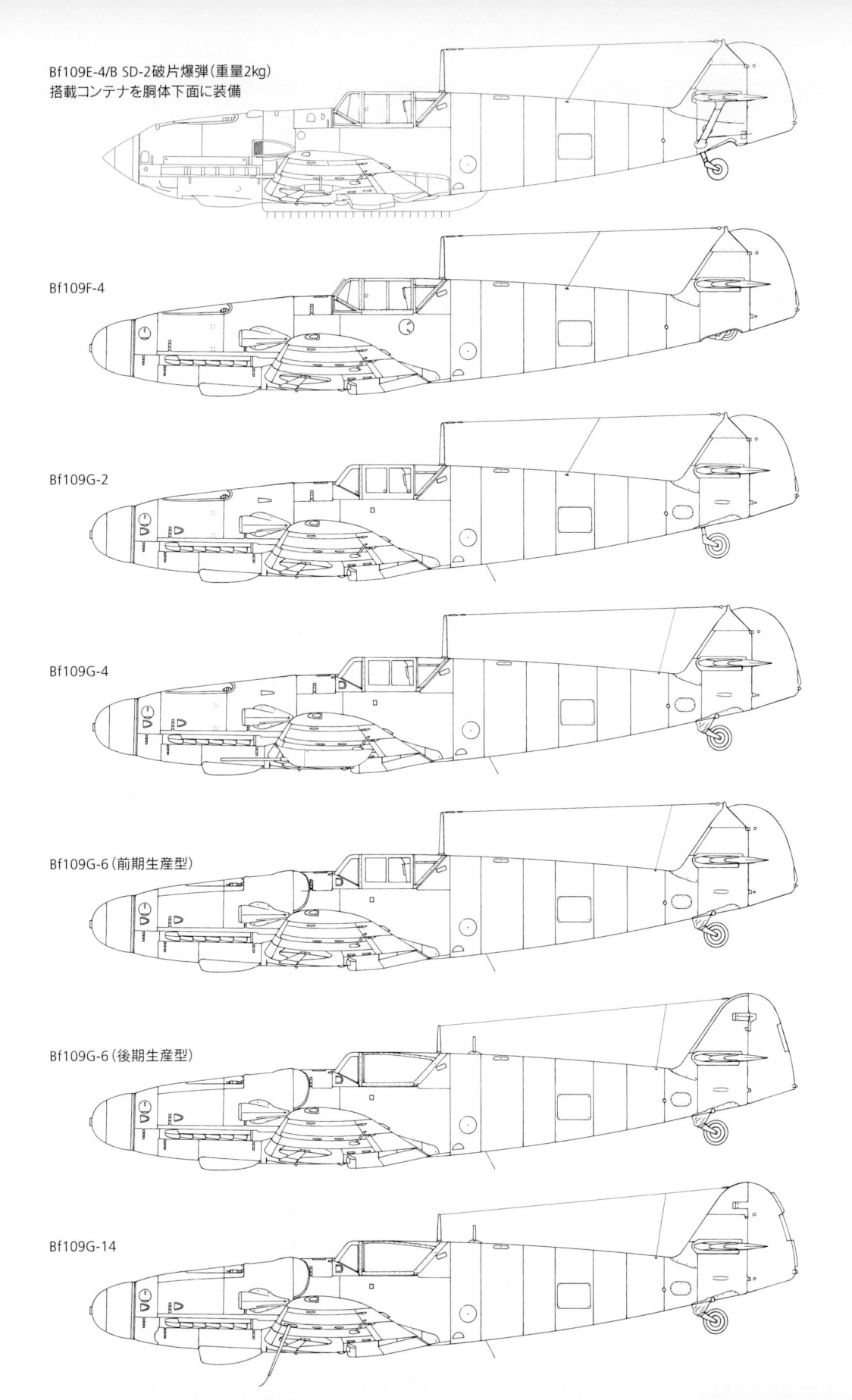

Bf109E-4/B SD-2破片爆弾（重量2kg）
搭載コンテナを胴体下面に装備

Bf109F-4

Bf109G-2

Bf109G-4

Bf109G-6（前期生産型）

Bf109G-6（後期生産型）

Bf109G-14

カラー塗装図　解説
colour plates

クロアチア航空兵団(HZL)とクロアチア独立国空軍(ZNDH)ではパイロットが個人の専用機をもつぜいたくの例はほとんどなかった。この点の質問を受けたベテランたちはいずれも、誰もがどれであろうと、その時に可動状態である機に乗って出撃したとはっきり語っている。そうではあるが、このカラー図版の頁では多数の特定の機体を取り上げ、それが誰の機だったかと書いた。その判断は部隊日誌、パイロットのログブック、写真、回顧録によって、誰がその機に頻度高く乗ったかを推論した結果である。

1
Bf109E-3a　ユーゴスラヴィア王国空軍
機籍番号2563　「黒のL-65」　1940年9月
ヴェリキ・ラディンツィ　第103戦闘機中隊
ツヴィタン・ガリッチ軍曹

ユーゴスラヴィア王国空軍(VVKJ)は「L-65」を1940年3月に受領した。塗装はVVKJのエーミール全機の標準、RLM65/70(ライトブルー/ブラックグリーン)のカモフラージュである。理由は不明だが、ユーゴのBf109Eの過給機空気取入口の前縁は無塗装のままだった。ガリッチは1940年9月のヴェリキ・ラディンツィ飛行場での演習の時も「黒のL-65」で飛び、その直後に彼は第Ⅲパイロット学校(ⅢPS)に移動した。

2
Bf109E-3a　ユーゴスラヴィア王国空軍
機籍番号2502　「黒のL-2」　1941年4月　コソル
ズラッコ・スティプティッチ大尉

ドイツから83機輸入されたエーミールの2機目で、1939年8月14日にハンス=カール・マイアー(後に39機撃墜のエース)が操縦してユーゴスラヴィアに到着した。この機は1939年11月に大きな損傷を受け、修理のためにドイツへ送られた。ユーゴにもどった後、1940年8月9日に、当時ニーシュに置かれていたⅢPSに配備された。1941年4月の戦闘の際、スティプティッチは「黒のL-2」で6回出撃した。この機は主翼の機関砲を装備しておらず、武装は機首の7.92mm機銃2挺だけであり、コソル基地に長い弾薬ベルトが不足していたために弾薬は1挺当たり330発(通常は1000発)のみだった。4月13日にイタリアの戦闘機の攻撃によって地上で破壊された。

3
Bf109E-7 trop　「緑の2」　1942年4月　タガンログ
15(クロアチア)./JG52　トミスラヴ・カウズラリッチ見習士官

この機は珍しい塗装で、全体がRLM76(ライトブルー)で塗られ、その上にRLM74/75(グレイグリーン/グレイヴァイオレット)の不規則な細長い斑が加えられている。風防の下に描かれているのは、HZLの戦闘機の大半につけられた特別の紋章、「翼つきのクロアチアの盾」である。

4
Bf109E-7　「緑の23」　1942年4月　タガンログ
15(クロアチア)./JG52　ヴラディミル・フェレンツィナ少佐

フェレンツィナ少佐は1942年の春の間、この機に乗っていた。この機の個機番号はあまり例を見ない高い数字である。実際に、この時期のHZLのエーミールでは20の台の機番はほとんどない。

5
Bf109E-4　「緑の5」　1942年5月　エウパトリア
15(クロアチア)./JG52　アウビン・スタルツィ中尉

この機の塗装もHZLのエーミールの中で珍しいカモフラージュであり、下面がRLM76、上面全体がRLM70に塗られている。これは戦闘機が海上を飛んでいる時、上方から発見しにくくなる効果を狙った塗装だった。この機は風防に防弾ガラスのパネルが取りつけられている。アウビン・スタルツィはセヴァストポリ包囲作戦の時期に、この機にいつも乗って戦っていた。

6
Bf109E-3　「緑の15」　1942年6月　エウパトリア
15(クロアチア)./JG52　ヴラディミル・フェレンツィナ少佐

混乱を招きやすいことだが、第15中隊には同じ時期に2機の「緑の15」があった。「15」の数字のサイズは双方同じだが、この機の十字の国籍標識はわずかに前の方に寄っている。ヴラディミル・フェレンツィナは1942年6月中に、このエーミールによる出撃で少なくとも1機撃墜の戦果をあげた。

7
Bf109E-3　「緑の15」　1942年6月　マリウポリ
15(クロアチア)./JG52　ヴェーツァ・ミコヴィッチ曹長

この2機目の「緑の15」の方向舵には、円形とその上の短冊形を組み合わせた撃墜マーク8本が白く描かれ、これはいずれもミコヴィッチの戦果を示している。彼は1942年6月20日、この機に乗ってMiG-3 2機を撃墜した。この機で数多く出撃したパイロットの中にはガリッチ、スティプティッチ、カウズラリッチ、ラスタといったエースも含まれている。

8
Bf109E-3　「緑の11」　1942年7月　マリウポリ
15(クロアチア)./JG52　マト・チュリノヴィッチ少佐

「緑の11」は第15中隊で使用された最後のエーミールのうちの1機である。この古参の戦闘機は、1942年7月半ばにチュリノヴィッチが着陸事故で破損させるまで、部隊の戦列に並んでいた。

9
Bf109E-3　「緑の17」　1942年7月　マリウポリ
15(クロアチア)./JG52　スティエパン・ラディッチ軍曹

「時代もの」のBf109E-3「緑の17」に乗って、スティエパン・ラディッチは1942年の6月から7月にかけて何回も出撃した。そして、8月5日、ヘレブラント(「緑の17」)とスタルツィ(「緑の10」)のロッテ編隊がエーミールの最終の戦闘出撃を記録した。

10
Bf109G-2 「黒の5」 1942年7月 マリウポリ
15（クロアチア）./JG52 リュデヴィト・ベンツェティッチ中尉
長らく待っていた第15中隊にやっと配備された最初のグスタフの1機。塗装はRLM74/75/76の標準的カモフラージュと、東部戦線戦域の味方機識別色の黄色のマーキングである。スピナーは三分の一が白、三分の二がブラックグリーン。方向舵に描かれた8本の撃墜マークは、この時期のベンツェティッチのスコアを示している。

11
Bf109G-2 「黒の7」 1942年7月 マリウポリ
15（クロアチア）./JG52 マト・チュリノヴィッチ少佐
「黒の7」は第15中隊で4カ月以上も活動した。1942年7月の間、これはチュリノヴィッチの個人専用機であり、方向舵に10機撃墜のマークが描かれていた。彼がクロアチアに帰った後、この機にはスティエパン・マルティナシェヴィッチが乗ることが多く、彼はこの機で少なくとも確認撃墜2機の戦果をあげた。

12
Bf109G-2（製造番号13463） 「黒の8」 1942年7月
マリウポリ 15（クロアチア）./JG52
ヨシプ・ヘレブラント大尉
この長生きした戦闘機は少なくとも8名のパイロットが使用したが、ヨシプ・ヘレブラントはこのグスタフ「黒の8」を自分の個人用と思っていた。この考えを裏付けるように、彼はこの機によって確認撃墜7機と確認外撃墜1機の戦果をあげた。この時期には、この機の方向舵の撃墜マークはまだひとつだけだが、11月までには11本に増していた。

13
Bf109G-2/R6（製造番号13520） 「黒の9」 1942年8月
アルマヴィル 15（クロアチア）./JG52
スティエパン・マルティナシェヴィッチ曹長
マルティナシェヴィッチは1942年8月13日、「黒の9」に乗って出撃し、チャイカ2機を撃墜した。その16日後、22歳の若いエース、ラディッチ軍曹が乗ったこの機はソ連軍の対空射撃で被弾し、トゥアプセ附近に墜落して彼は戦死した。その直前にラディッチはシュトルモヴィーク1機撃墜を報告し、これが彼の5機目で最後の戦果となった。

14
Bf109G-2（製造番号13438） 「黒の10」 1942年8月
ケルチ 15（クロアチア）./JG52
サフェット・ボスキッチ見習士官
ボスキッチは8月16日、この機で出撃してMiG-3 1機を撃墜した。その5日後、ヴラディミル・フェレンツィナがこの機で不時着し、機体は「50パーセント損傷」の状態になった。「黒の10」には他の多くのパイロットも乗り、その中にはエースのチュリノヴィッチ、スタルツィ、ヘレブラント、スティプティッチ、カウズラリッチも含まれている。

15
Bf109G-2/R6（製造番号13517） 「黒の11」 1942年8月
イェリサヴェティンスカヤ 15（クロアチア）./JG52
ヴラディミル・フェレンツィナ少佐
1942年8月27日、フェレンツィナは離陸の際に11日間で二度目の墜落事故を起こし、この「カノーネンボート」（機関砲ゴンドラを翼下面に装備した機）を損壊した。破損の程度は「65パーセント」と推定された。第15中隊に到着して間もない製造番号13517機は「翼つきのクロアチアの盾」の部隊マークが完全に仕上げられる前に潰れてしまった。

16
Bf109G-2（製造番号13577） 「黒の1」 1942年9月
イェリサヴェティンスカヤ 15（クロアチア）./JG52
フラーニョ・ジャール中佐
フラーニョ・ジャールは7月28日に彼の最初のグスタフを敵地内不時着で失った後、8月4日にウマニの機体デポに出かけて、この機を受領してきた。ジャールにとって不運なことに、8月26日にフェレンツィナが「黒の1」で出撃し、対空射撃で大きな損傷を受けた。このエースはやむなくクリムスカヤ附近の草原に不時着し、このグスタフは「30パーセントの損傷」を被った。

17
Bf109G-2（製造番号13432） 「黒の3」 1942年9月
マイコプ 15（クロアチア）./JG52
ツヴィタン・ガリッチ見習士官
ツヴィタン・ガリッチはこの「黒の3」に乗ってソ連機を少なくとも7機撃墜し、リュデヴィト・ベンツェティッチは1機を撃墜した。この機の方向舵には、黒縁のついた白い円形とその上に白い短冊形（中に赤い星が描かれている）を組み合わせた撃墜マークが並び、それはすべてがガリッチの戦果を示している。

18
Bf109G-2 「黒の4」 1942年10月
イェリサヴェティンスカヤ
15（クロアチア）./JG52 ユーレ・ラスタ少尉
この機が東部戦線で使用されている期間に、11名以上のパイロットが乗って出撃した。1942年9月9日にはマルティナシェヴィッチがこの機に乗ってDB-3を1機撃墜し、10月1日にはラスタ（「黒の4」に最も多く乗っていた）がMiG-3 1機を撃墜し、10月25日にはスタルツィがLaGG 2機を撃墜した。

19
Bf109G-2（製造番号13577） 「黒の二重シェヴロンと1」
1942年10月 マイコプ 15（クロアチア）./JG52
フラーニョ・ジャール中佐
側面図16に描かれた「黒の1」と同じ機だが、この時期には迷彩のパターンが異なっている。修理の間に塗装し直したと思われる。主翼と胴体の国籍標識は白枠と黒十字に変わり、胴体両側に二重シェヴロン（飛行隊長機を示す）が加えられた。ジャールはこの機で7機を撃墜し、フェレンツィナは1機を撃墜した。この製造番号13577のグスタフは長生きで、後にⅡ./JG52に移された。1943年5月にはフィンランドに輸出された最初のグスタフとなり、MT-225の機番があたえられ、同国空軍のエリートの戦闘機部隊、第24戦闘機隊（HLeLv24）に配備された。この隊ではラウリ・ニッシネン中尉（32.333機撃墜）に割り当てられ、彼は1944年4月14日に同

空軍のBf109による初撃墜——事前の通報なしで同国の空域に侵入し、識別可能な標識をつけていなかったドイツのJu188を撃墜——を記録した。この古兵のグスタフは1944年6月7日、撃墜9.5機のエース、ヴィリオ・カウッピネン曹長が乗って出撃し、第196戦闘機連隊(196.IAP)のP-39 1機との空戦で負傷した彼が不時着させ、最終的に廃棄された。

20
Bf109G-2 「黄色の6」 1943年5月 ケルチIV
15(クロアチア)./JG52 ツヴィタン・ガリッチ少尉
ツヴィタン・ガリッチは部隊の二度目の東部戦線派遣の期間中、この機をほぼ専用機同様に使用し、これによって少なくとも撃墜8機の戦果をあげた。クロアチアの盾のマークの左右の翼は通常の白ではなく、銀色で描かれている。

21
Bf109G-2/R6 「黄色の11」 1943年5月 グコヴォ
15(クロアチア)./JG52 アウビン・スタルツィ中尉
1943年5月14日、アウビン・スタルツィがソ連軍に亡命し、この新品のグスタフはソ連側の手に落ちた。この機は部隊に到着してから48時間しか経っていなかったので、「クロアチアの盾」のマークはまだ描かれておらず、十字の国籍標識の前には小さい黄色の数字「11」が残っている。ソ連のエース、ボリース・イェリョーミン(撃墜23機)がこの機をテストしたが、その少し後、別のパイロットが乗った時に離陸事故が発生し、大破した。

22
Bf109G-2 「黄色の12」 1943年5月 タマン
15(クロアチア)./JG52 リュデヴィト・ベンツェティッチ中尉
ベンツェティッチは5月6日、「黄色の12」によって彼の唯一の確認戦果となる1機を撃墜した。この機の「クロアチアの盾」の翼の部分は銀色である。国籍標識の十字の前の黒い矩形は黄色で小さく書かれた数字「12」が塗り潰された跡(側面図21を参照)である。

23
Bf109G-4 1943年11月 カランクト
15(クロアチア)./JG52 ヴラディミル・クレース伍長
この機がドイツから第15中隊に到着した直後の状態である。まだ機番は割り当てられていない。「クロアチアの盾」もまだ仕上がっていない。この戦域の味方識別のマーキングは胴体後部のバンド、翼下面先端、エンジンカウリング下面のRLM04(黄色)塗装である。

24
Bf106G-6 「黒のシェヴロンと1」 1943年11月
ケルチ 15(クロアチア)./JG52指揮官
マト・ドゥコヴァッツ中尉
ドゥコヴァッツはこの機を使い続け、1944年2月25日にソ連のP-39に撃墜された時もこの機に乗っていた。一時期、この機のシェヴロン(飛行隊副指揮官の標識)はもっと明るい色(おそらく緑色)だった。

25
Bf109G-6(製造番号18497) 「白の13」
1343年11月 ケルチ 15(クロアチア)./JG52
ズデンコ・アヴディッチ伍長
この機の迷彩塗装とマーキングは標準通りだが、「クロアチアの盾」のマークが描かれていない。脚のカバーが外されている点に注目されたい。1943年11月21日、アヴディッチはこの機で出撃し、彼の最後の撃墜戦果をあげたが、その戦闘で重傷を負った。

26
Bf109G-6 「白の5」 1943年11月 カランクト
15(クロアチア)./JG52 ヨシプ・クラニッツ伍長
クラニッツはこの機に乗って何度も出撃している。迷彩塗装とマーキングは標準通りであり、スピナーは幅広の白と黒の渦巻き模様に塗られている。ソ連に多いぬかるみの飛行場では、この機のように降着装置のカバーを外しているのが普通だった。

27
Bf109G-6(製造番号19680) 「赤の9」 1943年11月
ケルチ 15(クロアチア)./JG52
エドゥアルド・マルティンコ伍長
1943年11月12日、マルティンコが乗っている時、この機はドイツ軍の対空射撃の味方撃ちで損傷を受け、不時着した。機番の赤い数字は細い黒線の縁どりつきであり、以前の無線交信コード「MD」が赤い「9」の数字の下に薄く透けて見える。

28
G50.bis 「3504」 1944年4月 ボロンガイ
第21戦闘機中隊(21.LJ) トミスラヴ・カウズラリッチ少尉
カウズラリッチが対パルチザン攻撃に使用した数機のフィアットの1機。1942年6月にZNDHに供給された最初の10機の4番目の機である。イタリアの標準的な2色迷彩塗装で、下面は明るい灰青色、上面は暗いオリーヴグリーン、胴体後部のバンドと機番と翼先端下面は黄色である。1944年6月3日、胴体の黄色のバンド廃止の命令が出され、ダークグレーで塗り潰された。

29
C.202 「黒の1」 1944年5月 プレソ
クロアチア飛行隊第2中隊(2./JGr Kro)指揮官
ヨシプ・ヘレブラント大尉
「黒の1」はニーシュ飛行場のドイツ空軍補充機保管基地(Luftpark Nis)で受領した数機のうちの1機であり、クロアチアの航空部隊に供給された他のマッキと異なっている点は、胴体後部のバンドとエンジンカウリング下面のパネルのRLM04の黄色塗装である。この機の迷彩塗装はイタリア空軍の標準——下面は灰青色、上面は全体の砂色の地に暗いオリーヴグリーンと明るい茶色の斑点が拡がっている——であり、それにドイツ空軍のマーキングが描かれている。

30
MS406c 「2323」 1944年9月 ザルザニ
第14空軍飛行中隊(14.ZJ)指揮官
リュデヴィト・ベンツェティッチ大尉
この機の塗装は下面がRLM65、胴体の背部はRLM02/71の

迷彩、十字の国籍標識が描かれていたあたりの胴体側面はRLM02で上塗りされ、胴体側面の前半分はRLM65の地にRLM02/71の小さい斑点が散らされていて、尾部はRLM71である。ベンツェティッチはユーゴスラヴィア人民解放軍(NOVJ)のバニャ・ルカに対する攻撃を阻止する行動のために、1944年9月19日に一度、「2323」に乗って出撃した。9月のうちにザルザニ飛行場はNOVJに占領され、この機を含めた3機の可動状態のモラヌが鹵獲されて、第5軍飛行中隊に編入された。

31
Bf109 G-10（機籍番号2104） 1945年3月 ルッコ
第2戦闘機中隊(2.LJ) ズラッコ・スティプティッチ少佐
この機はZNDHの新しいマーキングをつけ、RLM76/81/83（ライトブルー／ダークグリーン／ライトグリーン）のカモフラージュ塗装である。方向舵、胴体後部と機首のバンド、左主翼の下面の「V」識別マーキング、両翼下面先端、コクピット下の2.LJのマークの色はRLM04である。スティプティッチはこの後期型のグスタフに乗って、1945年3月に少なくとも2回出撃した。4月16日、サントネル曹長がイタリアのファルコナラに脱走する時にこの機を使用した。

32
Yak-3 「黄色の12」 1945年5月 プレソ
第113戦闘機師団(113.LP)指揮官
ミリェンコ・リボヴシチャク大尉
元ZNDHのパイロット、リボヴシチャク大尉は、大戦終末期にこの機によって数回出撃した。この華やかなYakは、ユーゴスラヴィア空軍(JRV)に引き渡される前、第267戦闘機連隊(267.IAP)の高位エース、セルゲーイ・S・シシロフ大尉の乗機だった。エンジンカウリングのマーキングは彼が受けた勲章を示し、キャノピーの下の白い星は彼の撃墜21機（そのうちの1機は、1942年10月6日に彼がYak-1によって撃墜したヨシプ・ヘレブラントのBf109）を表している。胴体の両側に描かれているのは、「ヨーゼフ・ゲッベルスうさぎ」を白い鷲がつかまえている漫画である。このYak-3は戦後の状態を示し、ソ連の大きな星のマークが塗りつぶされ、その上にJRVのマークが完全に描かれている。

カバー裏
Bf109G-10（機籍番号2103）「黒の3」 1945年5月
ヤセニケ モスタル飛行中隊(Mostarska Eskadrila)
ヨシプ・ヘレブラント少佐
タタレヴィッチ軍曹が1945年4月20日、この機に乗ってユーゴスラヴィア軍(JA)に脱走し、機体にはただちに新しいマーキングがつけられた——主翼の「ズヴォニミル」十字標識の上には赤い星が描かれ、尾部はユーゴスラヴィアの3色の帯に塗られ、胴体の「ズヴォニミル」十字は暗いグリーンで塗りつぶされて、その上に大きな赤い星が描かれた。ヨシプ・ヘレブラントはボスニアでチェトニクの部隊を攻撃するため、5月7日から9日の間に3回、この機によって出撃した。そして、3回目の出撃の際、彼は悪天候の中で方位を見失って不時着し、このグスタフは大破した。

BIBLIOGRAPHY／原書の参考文献

Ajdic, G, and Jerin, Z, *Letalstvo Slovenci od prve do druge svetovne vojne, II.* Ljubljana, 1990

Amico, F, and Valentini, G, *The Messerschmitt 109 in Italian Service 1943-45.* USA, 1985

Bernad, D, *Rumanian Air Force 1938-1947.* USA, 1999

Bernad, D et al, *Horrido - Legicsatak a keleti fronton.* Budapest, 1992

Cull, Brian, *249 at War.* London, 1997

Cull, Brian et al, *Wings over Suez.* London, 1996

Cumichrast, P, and Klabnik, V, *Slovenske letectvo 1939-1944 (part II).* Slovakia, 2000

Dimitrijevic, B, *April 1941.* Belgrade, 2001

Feoktisov, S I, *V nebe Tuapse.* Russia, 1995

Frka, D et al, *Zrakoplovstvo Nezavisne Drzave Hrvatske 1941-1945.* Zagreb, 1998

Green, William, *Warplanes of the Third Reich.* London, 1979

Keskinen, K et al, *Messerschmitt Bf 109G.* Finland, 1991

Kljakic, D, *Oni su branili Beograd.* Zagreb, 1980

Kolo, A and Dimitrijevic, B, *Spitfajre.* Belgrade, 1997

Komanda, RV and PVO, *Cuvari naseg neba.* Belgrade, 1977

Kostic, B, *Plamen nad Beogradom.* Belgrade, 1991

Likso, T, *Hrvatsko Ratno Zrakoplovstvo u Drugome Svjetskome Ratu.* Croatia, 1998

Likso, T, *Letacka karijera Miljenka Lipovscaka 1939-1980.* Croatia, 2000

Mikic, V, *Nemacka avijacija u Jugoslaviji 1941-1945.* Belgrade, 1999

Mikic, V, *Zrakoplovstvo Nezavisne Draeave Hrvatske 1941-1945.* Belgrade, 2000

Pejcic, P, *Prva i Druga Eskadrila NOVJ.* Belgrade, 1991

Price, Dr Alfred, *Luftwaffe Handbook 1939-1945.* London, 1986

Prien, Jochen and Rodeike, Peter, *Messerschmitt Bf 109 F, G, K.* USA, 1995

Olynyk, F, *USAAF (Mediterranean Theater) Credits for Destruction of Enemy Aircraft in Air-to-Air Combat World War II.* USA, 1987

Otovic, D, and Nikic, J, *Vazdusne bitke za ranjenike.* Belgrade, 1986

Rajlich, J and Sehnal, J, *Slovak Airmen 1939-1945.* Czechoslovakia, 1991

Ries, K, *Deutsche Flugzeugführerschulen und ihre Maschinen 1919-1945.* Stuttgart, 1988

Rosch, B C, *Luftwaffe Codes, Markings and Units 1939-1945.* USA, 1995

Shores, Christopher, *Luftwaffe Fighter Units - Mediterranean 1941-1945.* London, 1978

Shores, Christopher, *Luftwaffe Fighter Units - Russia 1941-1945.* London, 1978

Shores, Christopher, *Luftwaffe Fighter Units - Europe 1942-1945.* London, 1979

Shores, Christopher et al, *Air War for Yugoslavia, Greece and Crete.* London, 1978

Vigna, A, *Aeronautica Italiana - Dieci anni di storia 1945-1952.* Italy, 1999

Vojnoistorijski Institut, *Zbornik dokumenata i podataka o NOR Jugoslovenskih naroda (volume II).* Belgrade, 1967

Weal, E C, *Combat Aircraft of World War Two.* London, 1977

Zavrsne operacije za oslobodjenje Jugoslavije (book 9). Belgrade, 1986

雑誌および定期刊行物
Aerei
Aeroplan
Aero magazin
Air Pictorial
Avions
Der Adler
Front
Historie a plastikove modelarstvi
Hrvatska krila
Hrvatski vojnik
Insignia
JP 4 - Mensile di Aeronautica
Let
Luftwaffe Süd-Ost
Plastic kits revue
Revi
Vjesnik oruznih snaga

ACKNOWLEDGEMENTS

The publication of this book would not have be possible without the generous help of the following ex-VVKJ, ZNDH and JRV airmen, and their families:

Ljudevit Aladrovic, Zdenko Avdic, Ivan Baltic, the family of Eduard Banfic, the family of Bozidar Bartulovic, Andrija Blazevic, Josip Bolanca, Vladimir Bosner, the family of Safet Boskic, the family of Ivan Cvencek, Nikola Cvikic, the family of Janko Dobnikar, Sime Fabijanovic, Vladimir Ferencina, the family of Grigorije Fomagin, Nikola Kaledin, Stanko Forkapic, Desimir Furtinovic, Franc Godec, the family of Djuro Gredicak, Josip Helebrant, the family of Mihajlo Jelak, Tomislav Kauzlaric, Marijan Kokot, the family of Asim Korhut, Boris Koscak, Nenad Kovacevic, Vladimir Kres, the family of Ivan Kulic, Ignacije Lucin, Martin Mak, Ivan Masnec, Mladen Milovcevic, Roko Mirosevic, the family of Nikola Obuljen, Djuro Perak, Josip Persic, the family of Milan Persic, Jakob Petrovic, the family of Misko Pintaric, Zvonko Planinc, Tugomir Prebeg, the family of Ivan Pupis, Luka Puric, Josip Rupcic, Josip Santovac, Tihomir Simcic, Ernest Somer, Albin Starc, Stjepan Starjacki, Daut Secerbegovic, Alojz Seruga, the family of Krunoslav Skeva, Kresimir Sneler, the family of Vladimir Spoljar, Djuro Svarc, Bogdan Vujicic, Vladimir Zagajski (Ahmetagic) and Dragutin Zauhar.

◎著者紹介 | ドラガン・サヴィッチ　Dragan Savic

1978年以来、ユーゴスラヴィア航空博物館の協力会員として活動し、クロアチア空軍研究の主要なエキスパートのひとり。ユーゴスラヴィアで刊行されているいくつもの航空雑誌に60以上の記事を執筆し、さらに有名な航空史研究家たちが『ホリドー』(英語)、『第二次大戦中のイタリア空軍』(イタリア語)、『1941年5月』(英語)などの著作に当たった時、作業に協力した。本書は彼がOsprey社から刊行する最初の著作である。

◎著者紹介 | ボリス・チグリッチ　Boris Ciglic

ベオグラードのユーゴスラヴィア空軍博物館に附属するユーゴスラヴィア歴史研究グループのメンバー。長年にわたってクロアチア空軍の歴史の詳細調査に当たり、興味深い資料を数多く発見した。

◎訳者紹介 | 手島 尚 (てしまたかし)

1934年沖縄県南大東島生まれ。1957年、慶應義塾大学経済学部卒業後、日本航空に入社。1994年に退職。1960年代から航空関係の記事を執筆し、翻訳も手がける。訳書に『ドイツ空軍戦記』『最後のドイツ空軍』『西部戦線の独空軍』(以上朝日ソノラマ刊)、『ボーイング747を創った男たち』(講談社刊)、『クリムゾンスカイ』(光人社刊)、『ユンカース Ju87シュトゥーカ 1937-1941 急降下爆撃航空団の戦歴』(大日本絵画刊)、などがある。

オスプレイ軍用機シリーズ **44**

クロアチア空軍の
メッサーシュミットBf109エース

発行日	2004年5月9日　初版第1刷
著者	ドラガン・サヴィッチ ボリス・チグリッチ
訳者	手島 尚
発行者	小川光二
発行所	株式会社大日本絵画 〒101-0054 東京都千代田区神田錦町1丁目7番地 電話：03-3294-7861 http://www.kaiga.co.jp
編集	株式会社アートボックス
装幀・デザイン	関口八重子
印刷/製本	大日本印刷株式会社

©2002 Osprey Publishing Limited
Printed in Japan
ISBN4-499-22839-5 C0076

Croatian Aces of World War 2
Dragan Savic Boris Ciglic
First published in Great Britain in 2002,
by Osprey Publishing Ltd, Elms Court,
Chapel Way, Botley, Oxford, OX2 9LP.
All rights reserved.
Japanese language translation
©2004 Dainippon Kaiga Co., Ltd.